有机固体废物氮磷污染及其控制对策

——以洱海北部流域为例

贾丽娟　著

北　京
冶 金 工 业 出 版 社
2020

内 容 提 要

本书共分 8 章，主要介绍了洱海北部流域农村有机固体废物的产排现状，并构建了静态元素流分析模型，对 2008 年洱海北部流域排放的有机固体废物进行了氮、磷污染潜势计算，最终提出了多项污染控制技术措施和工程运行保障机制。

本书可供环境科学、环境工程、环境生态学等领域的管理人员、研究人员和工程技术人员阅读，也可供高等学校相关专业的师生参考。

图书在版编目(CIP)数据

有机固体废物氮磷污染及其控制对策：以洱海北部流域为例/贾丽娟著．—北京：冶金工业出版社，2020. 8

ISBN 978-7-5024-8578-8

Ⅰ．①有…　Ⅱ．①贾…　Ⅲ．①洱海—流域—固体废物污染—研究　Ⅳ．①X524

中国版本图书馆 CIP 数据核字（2020）第 123262 号

出 版 人　陈玉千

地　　址　北京市东城区嵩祝院北巷 39 号　邮编　100009　电话　(010)64027926

网　　址　www.cnmip.com.cn　电子信箱　yjcbs@ cnmip. com. cn

责任编辑　郭冬艳　美术编辑　吕欣童　版式设计　孙跃红

责任校对　李　娜　责任印制　李玉山

ISBN 978-7-5024-8578-8

冶金工业出版社出版发行；各地新华书店经销；三河市双峰印刷装订有限公司印刷

2020 年 8 月第 1 版，2020 年 8 月第 1 次印刷

169mm×239mm；11. 5 印张；222 千字；173 页

79. 00 元

冶金工业出版社　投稿电话　(010)64027932　投稿信箱　tougao@cnmip. com. cn

冶金工业出版社营销中心　电话　(010)64044283　传真　(010)64027893

冶金工业出版社天猫旗舰店　yjgycbs. tmall. com

（本书如有印装质量问题，本社营销中心负责退换）

前　言

我国农业有机固体废物产量位居世界前列，其中农作物秸秆年产量达7.24亿吨，畜禽粪便年排放量多达27亿吨，这些有机废弃物是非常重要的可再生资源。我国每年产生的有机废物中蕴涵的氮（N）、磷（P）、钾（K）贮量分别达到3.0×10^7t、2.5×10^7t和2.8×10^7t，在农业上具有巨大的开发潜力。洱海是云南省九大高原湖泊之一，洱海北部流域是洱海的主要补水流域，也是大理市农业和养殖业的主要集中地。长期以来，洱海北部流域农业和养殖业有机固体废物已成为洱海氮磷污染的主要来源。因此，运用合理技术对其流域内的有机固体废物进行有效处理和利用，对节约自然资源、防止环境污染、实现农业生态良性循环具有重要意义。

本书以洱海北部流域农村有机固体废物氮磷污染控制为主要目的，以农村有机固体废物中氮磷的环境影响和控制对策为主要研究对象，在对洱海北部流域农村有机固体废物管理及处理现状进行调研的基础上，结合生命周期评价和层次分析法，以氮磷在农村生产活动中的流动分析为主线，建立了洱海北部流域农村有机固体废物元素流分析模型（Organic Solid Waste Research，ORSOWARE）。采用ORSOWARE模型，计算了2008年洱海北部流域内农业有机固体废物中氮磷排放对环境的潜在影响，并遵循“源头控制、过程削减、末端治理”的思路，提出了洱海北部流域内农村固体废物资源化成套技术体系与规范，并在洱海北部流域内以示范工程的形式得以实施，最终提出了示范工程运行保障措施，供环境管理部门参考。

全书共分为8章，第1章综述了有机固体废物环境影响现状、处理处置技术现状和固废管理现状；第2章介绍了洱海北部流域有机固体废物产排现状；第 3 章分析了洱海北部流域有机固体废物的氮磷背景值；第 4 章构建了 ORSOWARE 氮磷元素流分析模型；第 5 章详述了模型各单元污染潜势量化计算；第 6 章开发了多项有机固体废物污染控制技术并优选论证；第 7 章提出了示范工程运行保障措施；第 8 章概述了全书研究结论并提出进一步的研究建议。

本书可为研究有机固体废物处理处置技术的科研人员、从事环境管理的管理人员提供技术和决策参考，也可供从事环境工程和环境科学相关的科研单位、环境咨询单位及相应专业的技术人员参考，并可作为大专院校相关专业师生参考书。

本书在编写过程中，得到了多所高等院校、研究院所相关专家的大力支持和帮助，在此致以由衷的感谢！

由于作者水平有限，书中不妥之处，望广大读者批评指正。

作　者
2020 年 4 月

目　录

1 绪 论

1.1 研究背景和意义

长期以来，人们对固体废物的关注主要集中在城市垃圾与工业固体废物处理与处置方面，而对于高有机质含量的农村固体废物的循环利用核心技术的开发及循环利用技术的集成，没有予以应有的重视。与此同时，量多面广的农村固体废物（农村生活垃圾、畜禽粪便等），随意堆置和抛弃的现象十分普遍，这不仅严重影响着农民居住环境卫生的改善，也使得农村固体废物成为农村面源污染中湖泊污染负荷贡献最大的部分。目前，我国有机固体废物产量居世界前列，其中农作物秸秆年产量达 7.24 亿吨，可供青贮的茎叶等鲜料约 10 亿吨，锯末、刨花等林业废弃物 0.16 亿吨，畜禽粪便年排放量多达 27 亿吨（席北斗，2006；戴前进，2008）。农畜产品加工、食品、酿酒、制糖、造纸、制革等行业也将产生大量加工废料，如糠醛渣、酒糟、造纸废液、污泥等，这些有机废弃物是重要的可再生资源。我国每年产生的有机废物中蕴涵的 N、P、K 贮量分别达到 3.0×10^7t、2.5×10^7t 和 2.8×10^7t（席北斗，2006），在农业上具有巨大的开发潜力。运用合理技术对其进行有效处理和利用，对节约自然资源、防止环境污染、实现生态经济良性循环具有重要意义（戴前进，2008）。

洱海是云南省九大高原湖泊之一，洱海北部流域是洱海的主要补水流域，也是大理市农业和养殖业的主要集中地。洱海是我国初期富营养化湖泊的典型代表，氮磷是其首要污染物，洱海流域农村与农田面源氮、磷污染负荷占洱海入湖污染负荷总量的 70%以上。在洱源县农村与农田面源污染各项指标中，氮污染负荷以农田最高，占 45%，农村固体废物占 37%，农村生活污水占 11%，水土流失占 7%；磷污染负荷以农村固体废物最高，占 54%，农田占 29%，农村生活污水占 6%，水土流失占 11%。当前洱海流域固体废物污染及污染控制技术呈现以下特点：

（1）对流域污染负荷贡献大、利用途径单一、综合利用率低；

（2）现有户用沼气及中型沼气工程产气率低、产气不稳定，尤其中型沼气工程运行成本太高；

（3）有机废物难以实施有效的有控收集，还田过程流失量大、肥效没能充分发挥。

根据洱海流域种养结构特征及当前流域农村固体废物资源化利用及污染控制

工程存在的问题及不足，改进现有资源化工程技术，完善农村固体废物循环利用体系，必须有效控制农村与农业面源污染。

尽管农村固体废物的堆肥化工程、农村固体废物的沼气化发酵工程以及基质化利用工程等农村固体废物处理与处置工程在一些地区陆续建成，但这些工程大多由于处理方法单一、核心技术问题未解决、管理机制不健全等原因导致运行效果不理想。虽然在洱海农村与农业面源污染控制方面，国家和地方政府已投入了大量的人力、物力和财力，对农村面源污染控制技术、工程及管理已形成了一定的成果，但目前洱海富营养化趋势还没有得到根本遏制，农村固体废物循环利用率还很低，综合利用工程运转出现了诸多问题，比如中型沼气发酵工程产气率低、产气质量不高、运行成本高；户用沼气运行1年后不产沼气或产气量低；大量养殖废物仍然无序堆放，大量N、P流失进入水体，回田肥效差。

1.2 有机固体废物环境影响研究进展

1.2.1 有机固体废物的产生量研究

研究固体废物的产生量是分析其对水体、大气环境污染潜力的数据基础，同时也是评价固体废物资源化潜力的先决条件。根据以往研究报道（罗钰翔，2010；毕于运，2008；孙永明，2005；王方浩，2006；汪海波，2007），现场调查的统计分析法和模型模拟预测法是研究固体废物产生量的主要途径。现场调查获取的数据最为真实可靠，但耗时耗力，目前国内只有城市层面的生活垃圾、城市粪便及污水厂污泥等有国家层面的统计数据，农村有机固体废物的产排情况也有一定的调查研究，但目前还没有形成统一的、规范的分类以及量化统计数据。模型模拟预测法主要有排污系数法和物料衡算法两种。排污系数法即利用废物的产生系数（简称排污系数）进行估算，该方法是目前有机固体废物产生量估算的通用方法；物料衡算法即根据质量守恒定律，根据目标系统的物质输入、输出情况计算有机固体废物的产生量，该方法主要应用于构建大型数学模型（Yamamoto H，et al，2001）。由于不同废物的含水率差异大，因此计量标准分为实物重和干物质重。针对有机固体废物处理处置的相关研究，使用实物重能清晰地讨论废物产生的规模，因此，实物重多用于针对有机固废处理处置的相关研究；而运用干物质重能够更准确的描述有机固废的资源化潜力，因此，干物质重多用于针对资源可获得性的研究中（毕于运，2008；孙永明，2005；王方浩，2006；汪海波，2007；等）。

汇总1990年以来不同研究者对我国秸秆和养殖粪便产生量的研究结果（如图1-1所示），不同研究者对有机固体废物产生量的研究结论相差较大。这主要是由于目前我国尚未对有机固体废物的概念和分类形成统一界定，缺乏具有说服力的研究结论。相关报道指出（毕于运等，2008），有机固体废物产生量研究结论的误差较大主要来自两方面的原因：一是缺乏全面的有机固体废物统计数据，二是统计数据的真实性不够。统计数据的不全面是针对产生量较大的非主要农作物秸秆（例如甘蔗渣、甜菜渣、蔬菜废弃物、其他农副产品等），对此类废弃物的统计疏忽将造成总产量的较大误差；其次，农产品加工过程产量较大的副产品（如酒糟、麦麸等）也不能忽略。统计数据的真实性指排污系数取值相差悬殊，导致有机固体废物资源估算结果不同（见图 1-1）。

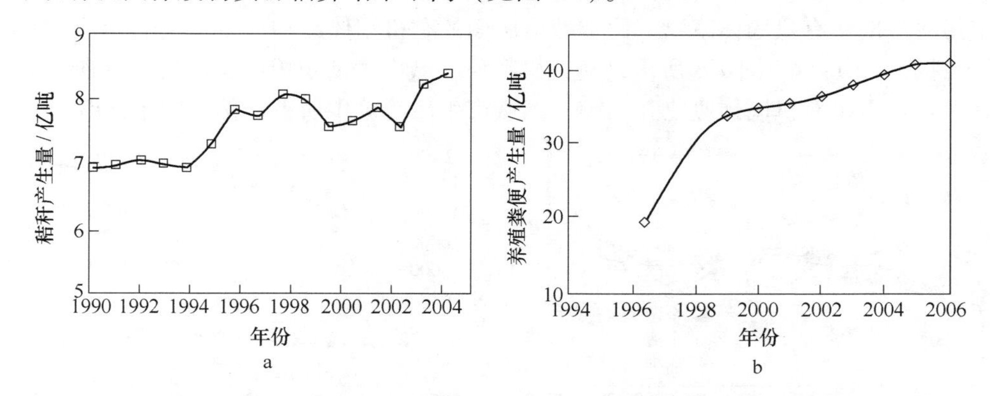

图 1-1 部分研究者对中国秸秆（a）及禽畜粪便（b）量的估算

工业有机固体废物主要来源于农副产品及食品加工业，成分复杂，目前针对工业有机固体废物的量化研究较少。据相关研究报道（石元春，2008)，2005 年中国工业有机固体废物干物质量约 7700 万吨。我国作为农业传统大国，在所有有机固体废物组成中，农作物秸秆是非常主要的一项，据相关研究报道（孟志国，2018)，我国在 2016 年粮食产量约为 6.1 亿吨，秸秆产量约为 8 亿吨，对比往年秸杆产量，估算出我国秸秆产量每年约递增 1200 万吨以上，截至 2020 年，我国秸秆年产量约为 8.5 亿吨，其中稻草、玉米秆 、麦秆 3 种秸秆数量一般占秸秆总量的 75%以上，在我国有机固体废物中占了相当大一部分。除此之外，随着我国城镇化水平不断提高，污水处理设施也在高速发展，在污水处理的过程中，也带来了大量的污水污泥，这些污泥中含有水分、有机质、氮、磷、钾以及微量元素等养分，同时还含有难降解的有机物、重金属及细菌病原体等有毒物质。在我国城镇污水处理迅速发展的同时，污泥的产量也日渐增大。据相关研究表明（戴晓虎，2012)，2020 年我国污泥产量将突破 6000 万吨。

随着城市建设的高速发展，生活垃圾成为众多研究者共同关注的对象，城市生活垃圾中餐厨垃圾和部分生活垃圾等属于有机固体废物。餐厨垃圾是城市生活垃圾中主要部分，其主要是家庭、学校、食堂及餐饮行业对食物进行加工而产生的下脚料和烹饪后的残羹剩饭。餐厨垃圾拥有比较复杂的成分，主要是由油、水、果皮、蔬菜、米面、肉、骨头以及废餐具、塑料、纸巾等众多物质组成的混合物。厨余垃圾中糖类含量高，而且包含了丰富的蛋白质和动物脂肪。随着我国当下餐饮业的高速发展，餐厨垃圾产量也迅速增长。根据相关研究表示（李平，2018），在 2014 年我国餐厨垃圾产生量达到了 8395 万吨，其中一线城市餐厨垃圾产生量为 6000 多万吨。2015 年，全国餐厨垃圾产生量约为 9110 万吨，以此增量进行估算，在 2020 年全国餐厨垃圾产量将达到 12685 万吨。

除餐厨垃圾外，城市生活垃圾中的人类粪便以及市政污水处理设施产生的城市污泥都属于有机固体废物。此类城市层面的有机固体废物产生量均有相应的统计数据（图 1-2）。图 1-3 所示是对有机物质在城市生活垃圾中所占比例的研究统计，可以看出有机固体废物在当前中国城市生活垃圾中所占比例已大于 50%。

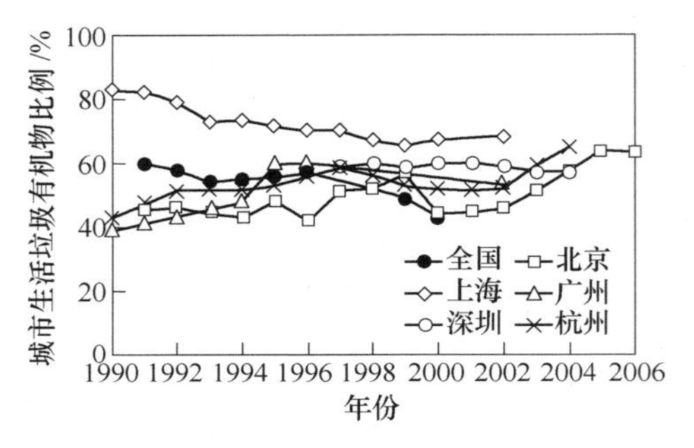

图 1-2　中国城市生活垃圾产生量　　图 1-3　中国城市生活垃圾有机物比例

表 1-1 比较了中国不同城市的城市生活垃圾组成。总体而言，由于厨房垃圾在城市固体垃圾中的比例最高，约为 60%，因此，中国的垃圾成分主要由高有机物和水分含量决定（Yuan 等，2006）。中国城市生活垃圾的成分极不均一，其变化是由城市之间的差异引起的：工业化水平和收入水平，消费习惯等。在一些较大的城市中，生活垃圾的成分与城市中的餐厨垃圾大致相似。西欧具有较高的纸张和塑料比例（10%～20%）。中国的废纸、纸、塑料和多层板废物量增长最快（世界银行，2005）。人们普遍认为，这种构成是城市化和经济快速发展的标志。然而，话虽如此，中国城市固体废物的构成仍然主要是餐厨垃圾等固体有机废物，与西方工业化世界有很大不同。

表 1-1　中国各城市生活垃圾成分典型分布比较

成　分	有机垃圾	纸类	塑料	玻璃	金属	纤维	木材	其他
北京（2006 年）	63. 39	11. 07	12. 70	1. 76	0. 27	2. 46	1. 78	5. 87
上海（2009 年）	66. 70	4. 46	19. 98	2. 72	0. 27	1. 80	1. 21	2. 77
天津（2007 年）	56. 88	8. 67	12. 12	1. 30	0. 42	2. 47	1. 93	16. 21
沈阳（2007 年）	73. 70	7. 60	5. 20	2. 40	0. 30	0. 90	1. 70	—
杭州（2009 年）	57. 00	15. 00	3. 00	8. 00	3. 00	2. 00	2. 00	4

续表 1-1

成　分	有机垃圾	纸类	塑料	玻璃	金属	纤维	木材	其他
青岛（1998 年）	42.20	4.00	11.20	2.20	1.10	3.20	—	—
西藏（2009 年）	72.00	6.00	12.00	—	1.00	7.00	—	—
宁波（1998 年）	53.70	5.40	7.90	2.40	1.00	3.00	1.10	—
广汉（1998 年）	50.70	8.80	6.10	0.6	0.2	0.60	0.20	32.80
重庆（2006 年）	59.20	10.10	15.70	3.40	1.10	6.10	4.20	—
广州（1999 年）	58.10	6.30	14.50	2.00	0.60	4.80	3.10	9.00
深圳（1998 年）	40.00	17.00	13.00	5.00	3.00	5.00	—	—
中国香港（2009 年）	44.00	26.00	18.00	3.00	2.00	3.00	1.00	—

由此可以看出，有机固体废物作为重要的能源和资源已逐步引起了学术界的较高关注度。虽然一些主要的、常用的有机固体废物已经有了国家层面的统计数据，但仍有多种有机固体废物通过问卷调查等方式进行估算，导致研究结果相差较大。针对其余一些领域（如作物收获和农产品加工过程产生的有机固废）的关注目前还远远不够。

1.2.2 有机固体废物的环境影响研究

世界各国每年都有大量有机固体废物产出，产生量庞大的有机固体废物必须在短时间内得到处理，否则很容易对生态环境以及人体健康造成不利的影响，有些影响甚至能够破坏一定地区内的生态环境。主要表现在以下几个方面：

（1）土壤污染。数量巨大的有机固体废物得不到及时处理被随意堆放，会占用大量土地；含水量和含油量较高的有机固体废物覆盖于地表后，会导致该区域的土壤环境内的氧循环不通畅，极易形成厌氧区，破坏土壤生物多样性，恶化土壤结构，引起板结；微生物作用所产生的大量的盐类物质易引起土壤的盐碱化。

（2）水体污染。在有机固体废物堆存过程中所产生的渗滤液会穿过土壤表层参与到地下水的循环中，并以此形式迁移个体废物中的有机物，恶化水质，使其富营养化，从而导致整个区域内的水循环系统受到严重污染。

（3）环境空气污染。有机固体废物含有相当丰富的微生物，其物质成分极易随着时间改变，其中的微生物在进行代谢的同时常常会伴随产生刺激性气体的氨、硫化物、甲烷及小分子有机酸等物质，并且这些挥发性物质还可能参与大气循环，促进酸雨形成和强化温室效应。

（4）生物性污染。一方面在有机固体废物中容易滋生各类微生物，有时还含有致病菌或病毒，给人和动物的健康带来危害；另一方有机固体废物中丰富的微生物也容易招致携带病毒及致病细菌的老鼠、苍蝇和蟑螂等，也进一步增加了病害扩散的风险。例如，2001 年英国所爆发的口蹄疫就是源自餐厨垃圾中的病毒。目前多个国家已经立法禁止餐厨垃圾作为饲料。

有机固体废物有强大的潜在危害性，简单对其进行处置或是堆放会对环境和各种生物产生危害，对于这种情况，部分国家也颁布了相关法规强制要求对有机固体废物进行无害处理。同时，有机固体废物亦是具有很大资源化潜力的废物，在无害化处置的基础上更应寻求适宜的资源化处理途径。

中国是一个农业大国，量大而面广的农村有机固体废物是流域、大气和农田等的重要污染源。农村有机固体废物的环境污染物排放量由有机固体废物的产生量及其处理处置方式共同决定的。在明确有机固体废物产生量的基础上，有机固体废物在处理处置过程中的污染物排放量是研究有机固体废物环境影响的重要内容。

1.2.2.1　输出系数模型法

1968 年，北美学者 Vollenweider 首次提出输出系数模型用于研究富营养化问题，同时量化研究了湖泊富营养化与流域土地利用方式、污染物负荷之间的关系。目前，输出系数模型已经得到了多个国家的认可，其研究范围也不断地从流域拓展至宏观层面（Johns P J，et al，1996，2002；Khadam I M，et al，2006；Ierodiaconou D，et al，2005；Zobrist J，et al，2006）。1990 年 Johns 提出对于湖泊流域的规划管理更重要的是宏观把握流域总氮、总磷的年负荷产生量情况，并于 6 年后发表了输出系数的数学模型（Johns P J，et al，2002）。模型假设流域内任何一个点的污染强度是该点所有污染源的加和，全流域的污染物负荷用湖泊入湖口处的源强表示，该模型的函数方程为：

$$L = \sum_{i=1}^{n} E_i [A_i(I_i)] + P \tag{1-1}$$

式中　L——污染物的流失量；

E_i——污染源 i 的输出系数；

A_i——表征污染源 i 规模的标量；

I_i——污染源 i 的污染物输入量；

P——降水带入的污染物输入量。

输出系数模型是固体废物环境影响量化研究的理论基础，在我国诸多固体废物污染排放调查中得到了广泛的应用。全国污染源普查、规模化养殖污染情况调查以及上海市郊区非点源污染调查（国家环境保护总局自然生态保护司，2002；张大弟，1997）等都是以输出系数模型为基础开展的。庄咏涛（2002）、王波（2003）等研究了牛、羊、猪以及人类的排泄物通过森林、耕地和荒地对黑河水库的污染物输出。在研究固体废物对大气环境造成的污染方面，《2006 年 IPCC

国家温室气体清单指南》（IPCC 2006）运用了输出系数模型思想，采用缺省值的“方法1”、针对特定国家和区域的“方法2”以及针对特定工厂的“方法3”等计算温室气体排放量的方法，都采用污染源的排放系数表示其强度，而人为排放源的总强度则来自不同人为源的排放强度加和（罗钰翔，2010）。

1.2.2.2 物质流分析法

物质流分析（Material Flow Analysis，MFA；Finnveden G，et al，2007）是研究经济社会中原料提取、使用、废弃、处置、再生利用等一系列物质流动过程中的结构与动力机制的系统方法，以物质平衡为核心原则（罗钰翔，2010）。物质流分析方法的基本特征为（刘毅，2004）：以热力学第一定律，即物质守恒原理为基本分析原则，采用物料衡算为基本分析方法（Kleijn R，1999；Daniels P L，et al，2003），以研究对象的物理性状指标作为定量分析单位（主要是重量和体积）（罗钰翔，2010）。物质流分析方法将物质守恒原理公式化为（Kleijn R，1999）：

$$\text{输入量} = \text{输出量} + \text{净累积量} \tag{1-2}$$

$$\text{净累积量} = \text{沉积量} - \text{释放量} \tag{1-3}$$

物质流分析包括一系列不同的方法（Bringezu S，et al，1997），根据研究对象和层次可分为三类：基于元素的物质流分析（Substance Flow Analysis，SFA）、针对大宗原料或产品的物质流分析和总物质流动分析。由于有机固体废物的环境影响研究不仅涉及环境管理部门，还涉及农作物、畜禽、食品加工、居民生活等多个复杂的社会子系统，因此，元素流分析在有机固体废物相关环境影响研究中得到了广泛的应用。

国外有大量元素流分析文献报道（Shindo，2003；De Vries，2003；Wolf J，2003，2005），Isermann等（Isermann K，et al，1998）建立了“作物—畜牧—农产加工—家庭消费—废物处理—环境系统”的氮元素流动分析基本框架，通过研究氮元素在作物生产—居民消费—废物管理复合系统中的流动情况及其引起的污染排放影响，研究估算了不同社会子系统对大气和水体排放的氮元素量。Kimura等（Kimura S D，2005，2007）研究了日本北海道十年间氮元素在农作物种植—畜禽养殖—居民消费过程中的流动变化情况及其环境影响。Neset（Neset T S S，2006，2008）研究了瑞典三十年间中氮元素、磷元素在种植系统—养殖—加工—居民消费—废物处理系统过程中的流动及其环境污染物排放。上述研究均是通过对特定元素（氮或磷）的物质流分析把作物、畜禽、加工、居民消费、废物处理、环境影响等多个社会经济系统联系起来，以特定元素对环境的污染排放量为衡量标准，以分析各社会子系统与环境问题的相关性。

在国内相关各社会子系统研究方面，元素流分析也得到了较广泛的应用。但目前国内主要是构建各社会子系统的元素流框架，对由元素引起的水体、大气等环境影响没有引起足够重视。黄宗文等（黄宗文，2002）构建了东北农田林网区内“林业—农业—畜牧业生态系统”的氮、磷、钾元素流初步框架。刘毅等（刘毅，2004，2006）通过国家层面以及滇池流域层面磷代谢体系的结构和特征，建立了磷控制政策体系基本框架。樊银鹏等（樊银鹏，2008）对中国磷元素的代谢模式和演化过程进行了分析。陈敏鹏等（Chen M P，2008）通过分析农业生产系统中磷元素的流动研究了中国农业对水环境的影响。武淑霞等（武淑霞，2005）通过对全国农村地区畜禽养殖情况及废弃物处置方式的实地调研，研究了我国农村畜禽养殖氮磷排放结构及其与面源污染之间的关系。许俊香（许俊香，2005）、马林（马林，2006）相继在 Isermann 等的研究基础上建立了中国营养体系养分流动与循环模型。魏静等（魏静，2008）建立了中国居民家庭食物链的氮元素流动分析模型，考察了城镇化对中国食物消费系统氮元素流动的影响（罗钰翔，2010）。

1.2.2.3　生命周期评价法

生命周期评价（Life Cycle Assessment，LCA）是一种用于评估产品在其整个生命周期中，即从原材料的获取、产品的生产直至产品使用后的处置等全过程的环境影响的一种技术方法（International Organization of Standardization，2000；International Organization of Standardization，2006）。生命周期评价体现了整体的、系统的研究思想，不仅可以对产品从原材料开采到最终处置各个阶段的环境影响进行研究，而且可以综合考虑多种环境影响类型，因此生命周期评价方法已经成为废物管理和政策制定的重要方法学，生命周期思想也在固体废物环境影响的相关研究中得到了充分的体现（Finnveden G，2007）。

当前采用生命周期评价方法的模型中，与有机固体废物环境影响研究联系最为紧密的是 ORWARE 模型，最初由 Dalemo 等（Dalemo M，1997）为研究城市有机废物的处理问题而开发的。该模型采用生命周期评价方法选定系统边界，进行结果评估，研究了食品废物、居民粪便、禽畜粪便、工业有机废物和园林、庭院垃圾等城市有机废物以及城市废水处理处置过程中的物质流和能耗。罗钰翔（罗钰翔，2010）等在 ORWARE 的基础上开发了中国主要生物质废物环境影响分析模型 BIOWARE，以碳、氮、磷为主线，通过识别中国国家层面“农业—畜牧业—食品工业—居民消费”各环节主要生物质废物排放量，估算了 2005 年由中国主要生物质废物造成的水体和大气环境污染潜势。

1.2.3　国内外有机固废的管理现状

有机固体废物的来源广泛、种类及成分繁杂、产生量巨大，其组成和产量受到多种因素的影响，因此，有机固体废物的成分和产量非常不固定，区域差异很大。有机固体废物中有机质含量极高，具有很好的可生化降解性或可燃烧性，因此，有机固体废物资源化利用潜力巨大，综合利用途径广泛。

大多数国家都坚持建立“废物管理体系”，将其作为制定用于管理有机固体废物的综合策略的大纲。在西方，几乎每个国家都制定了符合自己国情的固体废物管理措施，以促进废物最小化、再利用和再循环。

1.2.3.1 国外有机固体废物管理现状

A 日本

日本是对农村有机固体废物环境问题认识最早、重视程度最高的国家之一。自20世纪60年代起，日本政府先后制定了与畜禽污染管理有关的7项法规法律，主要有《废弃物处理与清除法》《水污染防治法》等。《废弃物处理与清除法》规定包括散养在内的畜禽养殖废物不经处理不得任意丢弃，限定城镇附近、规模化养猪场不得超过50头，且保证养殖场拥有合理的治污措施。《水污染防治法》规定畜禽养殖场的污水排放标准，规模化养殖场必须经过处理达标方可排放。另外，日本政府还制定了《恶臭防治法》以限制畜禽养殖臭气中的8种成分不得超过工业废气浓度。

同时，针对城市生活垃圾，日本很早就开展了有关餐厨垃圾减量、管理和高效资源化等方面的工作。在2000年，日本颁布了《食品循环法》并于2001年开始实施，在2007年进行补充和修订。根据该法规，日本的食品废物被进行了相当细致的归类和划分，食品废物主要被分为食品产业废物与家庭食品废物两大部分，食品产业废物的产生源又包括了食品制造业、食品批发业、食品零售业和餐饮业。从另外的角度来划分，食品制造业产生的废物属于工业废物，而流通领域的食品批发业、零售业和消费领域的餐饮业、家庭餐厨垃圾则属于城市废物范畴。

在2001年《食品循环法》实施后，有效地控制了日本食品废物的产生量，总体上产业食品废物产生量基本持平（日本环境省，2008），2003~2007年基本保持在了1136万吨以下；而家庭食品废物的产生量则呈降低趋势，1999年至2006年间降低了17%（日本农林水产省，2006），如图1-4所示。

针对不同来源的城市垃圾，日本采取了具有相当地方特色的控制手段。对于生产、流通领域的食品废物（餐厨垃圾）主要通过立法监督来强制性要求有关企业等进行源头控制、减量化和循环再生利用。2006年以后，《食品循环法》就已见成效，全年行业食品废物产生量为1135.2万吨，比前一年减少1万吨。

除去中央政府各阶段制定的法律，日本地方政府会根据自身情况制定相应的垃圾分类与回收方法。在由政府到地方的法律法规的指导下，国家、各地方政

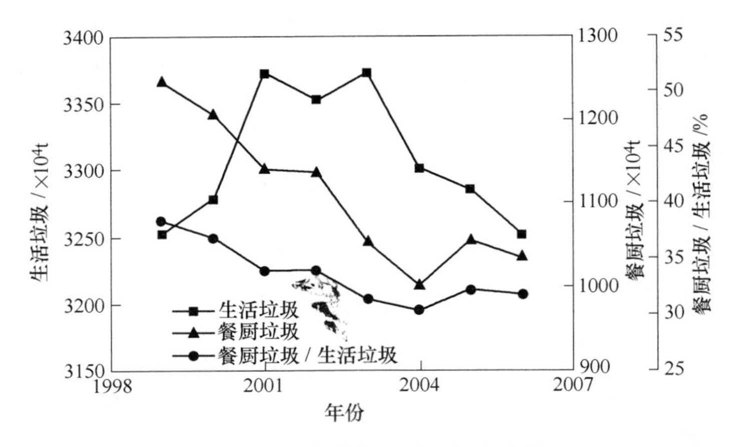

图 1-4　日本城市生活垃圾产生量

府、企业、非政府组织和公民等各个相关主体，根据明确的各自责任和义务划分，切实履行各自的职责并相互协作，也因此在企业、家庭和政府之间形成了良好的合作伙伴关系，共同推动垃圾分类政策目标的实现。

在立法针对企业减排的同时，日本同时也注重培养国民素质，减少浪费。在每年，日本的农林水产省都会对食品浪费情况进行统计调查，并向社会公开，以此形式呼吁民众减少浪费，实际上此方法也取得了相当丰厚的成果，结果表明（日本农林水产省，2006），日本每人每天食品食用量为 1167g，浪费 47.3g，浪费率仅为 4.1%。

B　美国

美国重视固废排放管理及环境保护已经由来已久，从 1980 年代后期到现在，基于《资源保护与恢复法》的固体废物管理设施以及《清洁空气法》等相关法规的基于技术和性能的标准变得越来越严格。美国国家环境保护局于 1991 年 10 月 9 日在以联邦法规的形式发布了垃圾填埋场标准（MSWLF 标准），其中包括有关垃圾填埋场位置、操作、设计、地下水监测和纠正措施，垃圾填埋场气体迁移控制以及封闭和后期处理的详细技术准则及关闭要求（US Environmental Protection Agency，1991）。1996 年，美国国家环境保护局（US Environmental Protection Agency）颁布了新固定源的性能标准（新源性能标准-NSPS）和《有害空气污染物国家排放标准》（NESHAP），要求大型垃圾填埋场收集垃圾填埋气并燃烧以使得减少排放非甲烷有机化合物，此政策的推行使美国垃圾填埋场收集垃圾填埋气排放量比以前降低了 98%。

美国水污染防治法中针对农村有机固体废物方面侧重于畜禽养殖场的建设管理，规定要求特定规模的养殖场建设必须得到行政许可；1000 头以下、300 头以上的养殖场，其养殖废物不论排入自建处理池或者排入收纳水体，都必须得到行政许可；而在无特殊情况的条件下，针对300头以下规模的养殖场建设，则不需审批。

对比日本，美国针对城市生活垃圾的管理与控制就显得较为放松，统计数据显示（US Environmental Protection Agency，2008），2008年美国餐厨垃圾产生量约为3180万吨，占全部城市生活垃圾的12.7%。近40年来，美国餐厨垃圾产生量增长了近1.6倍，而城市生活垃圾增长了1.8倍，两者基本一致，因此，美国餐厨垃圾在城市生活垃圾中的比例比较恒定，大约范围10%～13%。美国餐厨垃圾和城市生活垃圾增长情况如图1-5所示。自1992年至2010年，美国的餐厨垃圾和城市生活垃圾均呈增长趋势，年均增长率分别为2.88%和1.13%，餐厨垃圾增长速度略高于城市生活垃圾，说明美国城市生活垃圾中餐厨垃圾的比例有所增加。针对此种情况，美国鼓励家庭进行垃圾的回收利用，很多家庭都以餐厨垃圾和庭院废物为原料在自家的后院进行堆肥，而作为堆肥原料这部分的垃圾将不计算在垃圾产生量当中。因此，美国餐厨垃圾的实际产生量要高于该统计结果。

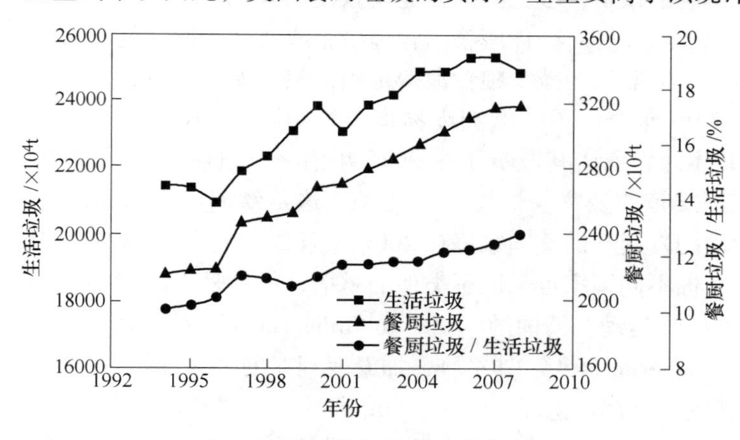

图1-5　美国城市生活垃圾产生量

C　荷兰、德国及其他欧盟成员国

荷兰是一个畜牧养殖业高度集中的国家，为了遏制养殖废物的污染，荷兰政府自1984年起就禁止扩大散养规模。荷兰目前拥有四个大型农场，农业、养殖业分散在全国13.7万个家庭农场，产生的养殖废物在农场内部处理消化。政府为解决过剩粪肥的处理问题，制订了养殖粪便运输补贴计划，并由国家补偿建设有机肥加工厂，将养殖废物经分辨、脱水，加工成有机肥丸出口。

荷兰在严格执行欧盟废物管理立法的基础上，不断完善本国相关立法，逐步形成了健全有效的废物立法管理体系。此外，荷兰还依据本国城市固体废物管理和综合治理的实际，颁布了《填埋禁止令》，限制了各种固体废物使用填埋的方式处理，其中，特别针对说明了禁止可回收利用废物及可生物降解垃圾的填埋

（Filimonau，2020）。

同时在限制了固废填埋的同时，对于城市生活垃圾，荷兰政府通过推动生活垃圾分类收集、生活垃圾分流等措施实现废物回收利用，以最大限度地开发利用了废物资源（Van，2019）。

德国的废弃物立法在世界处于领先地位，是积极推行废弃物减量化及资源化的国家之一。通常，德国地方政府负责提供固体废物管理服务，并且大多数地方的州政府规定，只有将废物放到房屋或建筑物外进行收集后，政府才会负责清运（Magrinil，2020）。

针对农村、农业有机固体废物，德国规定养殖业有机固体废物未经处理禁止排入地上或地下水体。在城市或公用饮水区域，每公顷土地上家畜的最大允许饲养量不得超过规定数量：牛3~9头、猪9~15头、鸡300~900只。农业上产生的有机固废，基本会被用于堆肥，同时，德国《生物废物条例》规定，只有获得了质量保证协会的认可，堆肥产品才能投入使用。

在欧盟成员国，针对固体废物的管理措施或法案，通常是由欧盟提出后下发到成员国执行，欧盟认为减少粮食浪费是确保粮食安全和减轻环境负担的重要手段，同时在2017年修订了《欧洲废物指令》，并于2018年颁布施行（Magrinil，2020），欧共体计划承诺其成员国在2025年前将其食物浪费减少30%。2007年英国政府支持发起"爱食物恨垃圾"运动，这是欧洲最著名和最成功的运动之一，这个运动的发起帮助英国家庭在2007年至2012年期间减少了21%的厨余垃圾。同时，欧洲不同国家也采取了类似的举措，例如丹麦的"Stop Spild Af Mad"（停止浪费食品）运动，德国的" Zut gutfürdie Tonne"（对垃圾桶来说太好了），法国的" Qui jette un oeuf"（扔蛋），加泰罗利亚的"De menjar，no entenence ni mica"（一顿饭甚至都不会浪费一点）或葡萄牙的"Movimento ZeroDesperdício"（零废物运动）。欧盟还针对不同的目标人群量身定制宣传运动，所有成员国都在学校课程中纳入节约和谨慎处理食物的主题。一些欧洲国家，例如法国，荷兰和英国，已经针对所有水平的教育实施了此类课程（BIOIS，2011）。

纵观欧洲目前的做法，可以看出，迄今为止，政府实施的固废管理措施大多数都是软性工具，希望提高群众整体素质以减少城市垃圾的产量，不可否认的是，欧盟提倡的各种运动和国民教育都大大减少城市垃圾的产量。同时，通过软性工具对人民进行倡导和教育管理城市垃圾的方法，是既快速且廉价的。

同时欧盟正在为城市垃圾的减少提出各种政策。其中，欧洲政客和立法者希望成员国要收集和转发有关城市垃圾产生的信息，并提出强制性减排目标。同时要求食品制造，零售和餐饮行业的参与者需要改善他们之间的合作方式并建立综合供应链管理并自愿制定减排目标。欧盟还向民众增加了废物处理的税费，这提高了群众处理城市垃圾的总成本，可以看作是一种经济诱因（Marthinsen，2012；

Watkins，2012），尽管引入垃圾掩埋或焚化税主要是为了使废物管理从垃圾掩埋转向回收和再循环，但它们同样可能有助于减少城市垃圾的产生。

D 挪威

在挪威，废物政策是基于1981年颁布的《污染控制法》，环境部负责监督国家废物管理目标的执行情况，通常，当地的公用事业机构与个人和回收公司签约，以向家庭提供废物服务（Kipperberg，2006）。挪威解决废物问题最常用的政策工具是对传统废物处置收取费用和对"社区回收计划"进行补贴。市民支付废物处置费用可以鼓励家庭改变购买方式，首先减少它们产生的废物，并增加其回收利用的动机。"社区回收计划"主要通过预算家庭产污量来运作，从而减少将可回收材料与其他垃圾分开所花费的成本。这种政策使得挪威在固体废物回收方面取得了显著改善，挪威的固体废物回收率在1990年开始增长，从1993年的回收率46%上升到1998年的57%（挪威统计局，2001）。

近年来，挪威还规定，每头牛、每8头猪、每67只蛋鸡应有0.4hm^2的土地处理养殖废物，处于城镇附近的养猪场规模不允许超过50头，且必须由本场的污染治理措施处理后达标排放，以此来减小农业产生有机固体废物的压力。

上述先进的工业国家，例如德国、瑞典、日本和美国，在资源综合利用和固体废物管理方面取得了显著成绩。如图1-6所示，这些国家的固体废物管理策略在1960年至2004年期间发生了许多变化。一项革命性的变化是，固化始于减少（首先减少消耗），然后重用更多（回收利用）。此外，焚烧和堆肥有机废物成为固体废物处理的主要方法，而不是由垃圾填埋场处理。

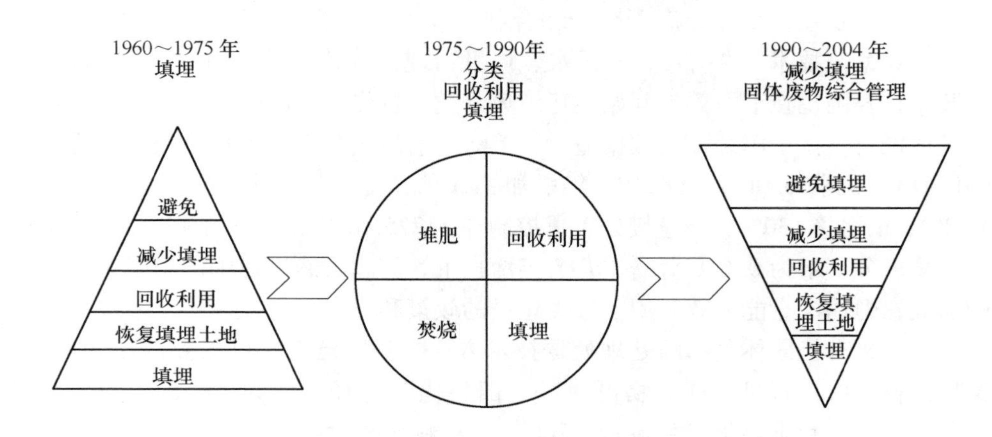

图1-6 固体废物管理（先进工业国家在1960年至2004年期间的战略变革）

相对其他国家而言，由于我国经济条件相对落后，在污染治理方面投入的人力、物力、财力还远远不够，特别是对于农业和农村环境污染治理，单纯依靠企业和农户的积极性是远远不够的，过分强调治理工程的经济效益也是值得思考的。

目前，中国约有 660 个城市，每年产生约 130000000t 的固体废物（Hui Y，2006）。总体而言，与许多先进国家相比，中国在固体废物回收、处理技术和管理策略方面仍存在较大差距。在全国范围内，固体废物管理已成为一个主要问题。城市固体废物的处理和处置将是未来几年所有城市政府的重要目标。

1.2.3.2　我国有机固体废物管理体制

目前，我国有机固体废物的排放逐年急剧增加，给农村和城市居民的环境卫生和健康带来了巨大的潜在威胁，因此，有机固体废物的管理十分重要。为防治固体废物污染，我国颁布了多部法律、法规（高明侠，2007；许英梅，2006）。1995 年颁布《中华人民共和国固体废物污染环境防治法》，但没有将农村的固体废物污染纳入其中；2001 年颁布的《畜禽养殖污染防治管理办法》直接涉及农村固体废物的处理；2004 年中华人民共和国第十届全国人民代表大会常务委员会第十三次会议通过了新的《中华人民共和国固体废物污染环境防治法》，首次将农村固体废物污染防治纳入管理范围；2005 年 12 月 3 日颁布《国务院关于落实科学发展观加强环境保护的决定》，将农村的固体废物处理作为"突出的环境问题"加以重视；2005 年 12 月 31 日颁布了《中共中央国务院关于推进社会主义新农村建设的若干意见》，将党的十六届五中全会提出的"建设社会主义新农村的重大历史任务"具体化，规定了怎样建设新农村的措施和内容，指出"加快发展循环农业，重点推广废弃物综合利用技术""推广秸秆气化、固化成型、发电、养畜等技术""搞好农村污水、垃圾治理，改善农村环境卫生"。自 2019 年开始，我国也在上海等地开始实行垃圾分类，首先以上海作为试验区，再往全国各地推行，据中国统计局数据显示，上海生活垃圾分类实效快速提升：可回收物回收量达到 5600t/d，较 2018 年增加了 5 倍；湿垃圾分出量已超过 9000t/d，较 2018 年增长 130%；干垃圾处置量控制在 15275t/d，比 2018 年底降低了 26%；有害垃圾分出量为 0.62t/d，较 2018 年增长了 5 倍。虽然目前中国有了垃圾分类的前提，但仍没有能有效利用已分类垃圾的政策和方案。

在农村有机固体废物的处理处置技术方面，我国已有自己成熟的技术可用。概括而言，农村有机固体废物可通过"四料化"途径化废为宝，即材料化、饲料化、燃料化和肥料化（牛俊玲，2007）。材料化技术主要是指农村有机固体废弃物中的木质素和纤维素含量高的秸秆通常可以作为工业生产的主要基础材料，例如利用秸秆造纸、制成地膜、合成结构板、纤维板和复合板等；另外，目前应用较为广泛的材料化技术是秸秆混合农村畜禽粪便、餐厨垃圾等做食用菌培养基，该技术产业化前景广阔，具有很好的经济和环境效益。饲料化技术是指农村有机固体废弃物中的厨余垃圾和秸秆等经简单处理后便可作为牲畜饲料使用的技术，例如较为常见的厨房中瓜果蔬菜不可食用部分、剩饭剩菜，以及种植模块秸秆经粉碎后均可作为牲畜饲料使用；值得一提的是，由于鸡粪中有机质、N、P、K 含量较高，是优质的饲料原料，最常用的加工技术是直接经烘炒消毒后作猪、鱼等的饲料（李庆康，2000）。农村有机固体废弃物除了风干后直接燃烧外，还可以经处理后生产清洁能源和清洁燃料，主要技术包括秸秆气化、厌氧发酵产沼气技术；根据成本分析，畜禽粪便混合秸秆等农村有机废弃物厌氧发酵产沼气技术更适用于农村地区，该技术成本比秸秆气化技术更低，推广应用的可行性更高，产业化前景较好（王宁堂，2007；胡明秀，2004）。农村有机固体废物肥料化利用的途径多样，种植模块废弃物可通过覆盖还田、粉碎翻压还田、过腹还田，而养殖业废弃物和人类日常生活所产生的生物质废弃物可以直接还田或经堆沤后还田。其中将作物秸秆、畜禽粪便、人类粪便、厨余垃圾等各种有机废物进行堆肥处理后利用，是我国目前应用较广泛的资源化途径。废弃物的好氧堆肥过程可杀死大部分病原微生物及寄生虫卵，并且去除臭味和提高肥效，方法简单易行，成本低廉。

在过去的 20 年中，中国经济实现了较快的增长，但生态破坏和环境污染也以较高的速度增长。政府以及国内外专家都认为，资源供应和生态环境保护的双重影响将对中国的可持续发展构成重大挑战（Qi，2004；Su，2003）。由于中国每年已经产生了全球 29%的城市固体废弃物（Dong，2001），因此包括减少、再利用、回收和处置废物在内的综合固体废物管理系统将发挥重要作用，同时中国城市固体废弃物中包含了大量有机固体废弃物。目前，综合固体废物管理被认为是一种优化的废物管理系统。其中针对每种情况选择了在环境和经济上都最佳的解决方案，而无需考虑废物的等级（Sundeqvist，1999），并且是成功处理城市固体废物的关键（Hu，1998）。但是，综合固体废物管理的实施取决于几个重要因素，例如国家法规、环境要求、环境管理战略、能源政策、经济和技术可行性以及中国人民的教育和环境意识（Zhang，2010）。

2004 年，中国超过美国成为世界最大固体废物产生者（World Bank，2005）。表 1-2 显示了从 1981 年到 2007 年收集和运输的城市固体废弃物的增长趋势。2006 年，城市固体废弃物的总产生量约为 2.12 亿吨，城市固体废弃物每年的产生率为 0.98 吨/人（中国统计年鉴，2001~2007；Raninger，2009）。与其他发达国家相比，中国被认为是人均城市生活垃圾产生率相对较低的国家（Yuan，2006），中国人均废物每天的产生率为 0.8~1.0kg/人，而典型的发达国家每天则为 1.43~2.08kg/人（Troschinetz，2009）。中国不同城市之间的城市生活垃圾产生率也有所不同。例如，北京人均 0.85kg/d（Li，2009），上海人均 1.11kg/d（Zhu，2009），重庆人均 1.08kg/d（Yuan，2006），拉萨（西藏）人均 1.51kg/d

(Jiang, 2009), 杭州人均 1.17kg/d (Zhao, 2009) 和南京人均 1.33kg/d (Ko, 2009)。表 1-3 比较了中国与其他经合组织国家之间的城市固体废弃物产生率，显示中国的城市固体废弃物总量在美国之后仅次于美国，但城市固体废弃物人均产生率不高。

表 1-2　中国收集和运输的城市生活垃圾

类型 \ 年份	1981	1990	2003	2004	2005	2006	2007
城市人口/$\times 10^4$	14400	32530	52376	24283	25157	57706	59379
收集和运输的城市固体废物/$\times 10^4$t · 年$^{-1}$	2606	6767	14857	15509	15577	14541	15214
城市生活垃圾的人均数量/kg · d^{-1}	0.50	0.57	0.78	0.78	0.76	0.70	0.70

表 1-3　部分经合组织国家和中国的废物产生量

国家	城市固体废物产生总量（1000t）	城市生活垃圾人均产生率/kg · d^{-1}
美国	222863	2.05
法国	33963	1.48
德国	49563	1.64
丹麦	3900	2.03
瑞士	4855	1.78
波兰	9354	0.68
葡萄牙	5009	1.29
匈牙利	4632	1.26
墨西哥	36088	0.93
日本	51607	1.10
韩国	18252	1.04
中国	212100	0.98

随着经济的持续发展和生活水平的提高，人们对商品和服务的需求迅速增加，导致人均固体废物产生量增加。人口水平的提高，经济的蓬勃发展，快速的城市化进程以及社区生活水平的提高，极大地加快了发展中国家，特别是中国的城市生活垃圾产生率。世界银行指出，没有一个国家经历过像中国这样大或快的固体废物数量增加（Yuan 等，2006）。中国最近超过美国成为世界上最大的城市生活垃圾发电国。此外，预计中国每年的固体废物产生量将从 2004 年的 1.9 亿吨增长到 2030 年的 4.8 亿吨（世界银行，2005）。这对环境保护和可持续发展提出了巨大挑战。解决此问题的有效方法之一是采用高效的城市固体废物管理系统。为了应对这一挑战，中国废物管理系统的各个方面都必须进行重大变革。中

国的“十一五”计划（2007~2012年）已拨款约1400亿元用于环境保护，这反映了中国政府在保护环境方面的决心。

在中国某些地区，城市生活垃圾的源头分类和收集没有得到很好的实施（Minghua Z，2009），需要立法有关城市固体废物的国家政策。应采取政策鼓励跨辖区和机构间的协调，并促进实施旨在改善废物管理的经济手段。应当加强对民营企业的监管。从生产到最终处置都需要一个综合的可持续废物管理系统。该系统应加强规划和决策过程，并从整体上看待整个废物收集、转移、资源回收和处置系统。中国政府国务院于2008年1月1日发布了禁止在所有超市、百货商店和其他商店使用免费塑料袋的禁令。尽管政府已经意识到了这一禁令，但它还必须继续加强和改善其法规和政策。

在讨论固体废物管理时，我们必须意识到废物管理是一个复杂而长期的过程。有效的城市固体废物管理需要充分了解城市固体废物的特征及其管理状态。政府应支持试点计划，以获取有关废物特性，废物管理技术和实施经验的宝贵而全面的数据。最终目标是实施和推广切实可行的方法来改善环境。

1.3 有机固体废物处理处置研究进展

1.3.1 厌氧消化技术

有机固体废物包括农业固体废物、工业废物及城市生活垃圾中的有机部分。尤其在城市垃圾中，有机部分可达到50%，因此理论上可以用厌氧法进行有效处理（周富春，2006）。在众多的有机固废处理处置技术中，厌氧消化技术由于其对环境影响较小，并且能够产生像生物气这样的清洁能源有效实现能源回收，这在不断增加的能源需求背景下，使得该方法用于处理处置有机固体废物上获得了广泛的关注。

1.3.1.1 厌氧消化预处理

厌氧消化技术主要分成四个主要的阶段来处理有机固体废物：水解阶段、酸化阶段、乙酰化阶段以及甲烷厌氧化（靳文尧，2018）。通过厌氧消化技术在厌氧菌的作用下将复杂的底物转化为甲烷等生物气。在厌氧消化有机固体废物之前，通过一定手段的预处理技术处理有机固废能够提高有机固体废物的处置效率。这些预处理方法主要分为：机械预处理法、化学预处理法、热预处理法、生物法或者这些技术的联用（Ariunbaatar，2014）。

A 机械预处理方法

机械预处理方法的作用主要是将这些有机固体废物的颗粒进行破碎，从而减少水分并且增加比表面积，而获得更大的比表面积意味着使得在之后的厌氧处理过程中增加了厌氧菌和有机底物的接触面积（Carrère H，2010），增加一定的底物停留时间，从而提高厌氧消化处理的效率。有研究（Esposito G，2011）指出，当颗粒半径的增大时会导致化学需氧量（Chemical Oxygen Demand，COD）降解率以及甲烷产率的下降。同时，也有学者（Kim，2000）同样研究了颗粒大小对中温厌氧食物消化的影响，其结果表明，颗粒尺寸是影响厌氧消化餐厨垃圾过程最为重要的因素之一。随着颗粒尺寸从 1.02mm 增加到 2.14mm，底物最大利用效率（K_{HA}）从 0.0033hr^{-1}减少至 0.0015hr^{-1}，颗粒尺寸的增大导致对有机固体废物的降解效率降低。有学者（Zhu，2009）使用了商业的旋转滚筒反应器用在厌氧消化反应的前端去降解有机固废，将有机物从无机底物中分离出来，该方法获得了良好的甲烷产量，其生物气和甲烷产率（VS，挥发性固体）分别在 457～557mL/g 和 261～320mL/g。其中甲烷含量占到了生物气的 57.3%～60.6%。除了使用球磨破碎外，高压均质机的使用同样能使得颗粒尺寸的减少，从而优化对有机固体废物的厌氧消化效率。有研究（Engelhart，2000）对用高压均质机对污泥厌氧消化性能进行了研究，其结果表明，机械预处理的办法能够使得可溶性蛋白质以及碳水化合物在进料污泥中的浓度提高，与传统的 10 天和 15 天的水力停留时间的消化器相比，该方法处理的挥发性固体降解率提升了 25%，也使得更多的生物气产生。一些其他的机械方法，像超声处理法及螺旋压榨法（CarrèRE，2010）也可以同样取得不错的效果。在中试系统中超声处理放置于厌氧消化前端可以使生物气产量提高 24%～140%。因此上述例子表明，对有机固体废物的颗粒尺寸大小合理化地减小，有助于提高厌氧消化过程的甲烷产率以及 COD 溶解度，从而优化厌氧消化处理技术。

综合来看，机械预处理法的优势在于无臭味产生，方法简单易行，厌氧残渣更好的脱水性能，以及合适的能量消耗。但是同时，该方法无法有效去除有机固体废物中的病菌并且在处理过程中可能造成机械设备的堵塞（Ariunbaatar，2014）。

B 化学预处理方法

化学预处理方法主要分成三类：碱预处理、酸预处理以及臭氧预处理。厌氧消化技术中的厌氧菌通常需要比较严苛的条件进行消化处理，因此通过加入碱性物质来调节 pH 值，从这一点上考虑，碱预处理是优先考虑的。酸性物质的预处理或者氧化剂的加入像臭氧，主要是为了提高生物气的产率及水解速率（Ariunbaatar，2014）。但是在富含糖类的可生物降解有机固废中，由于化学物质的加入产甲烷阶段可能会加速降解速率以及 VFA 的积累，使得产甲烷阶段没有形成。有研究（Lópoz，2008）通过加入 $Ca(OH)_2$ 进行碱预处理用于提高 COD 的溶解度，更好地为厌氧消化阶段服务。实验结果表明，城市固废的有机部分的厌氧消化效率相比于未进行碱预处理前得到了提高，其最高的甲烷产率是 0.15m^3 CH_4/kg

VS（挥发性固体，volatile solid），可溶性 COD 和挥发性固体的去除率分别达到 93.0%和 94.0%。石灰的加入主要造成了 11.5%的总 COD 的可溶性，从而加速了厌氧消化。此外，他们还指出，合适的碱处理还改变了化学结构，提高了有机物质的生物可降解性，也可以通过膨胀从而增加与生物酶的接触面积。类似的，有学者（Neves，2006）加入 NaOH 碱性水解过程作为厌氧消化的预处理步骤，结果表明，甲烷产量（VS）从 25LCH_4/kg 增加至 222LCH_4/kg，提高了 8.88 倍，此外，总固体和挥发性固体的减少量分别从 31%和 40%增加至 67%和 84%，说明 NaOH 可以有效减少总固体体积并有效提高厌氧消化处理效率。此外，臭氧预处理主要是可以不增加溶液中的盐度，通过自由基，尤其是羟基自由基对有机底物进行轰击，从而打破复杂的化学结构，提高可生物降解性。有学者（Cesaro，2013）研究了臭氧预处理的方法对厌氧消化系统中城市固废的有机部分的生物可降解性的影响。其结果发现，臭氧预处理可以有效提高底物的可利用率，并且将有机固体废物的溶解度和可生物降解性提升。当臭氧量（TS，总固体）从 0.4gO_3/g 增加至 1.2gO_3/g 时，BOD_5/COD 的比例从 0.68 降至 0.53，表明更高的臭氧量处理将导致可生物降解性的降低，此外，更高的臭氧处理量也导致了副产品的产生，这也造成了较大的环境影响。酸预处理主要是造成木质素等分子结构的水解，但是，酸处理不太适用于厌氧消化技术的前端，主要是因为会造成可发酵性糖类的减少以及会带来中和酸的处理费用。

化学预处理用于厌氧消化技术，主要考虑碱预处理，臭氧预处理的成本太高并且可能带来二次污染而酸处理也会额外增加中和酸的经济成本，并且降低甲烷产量的减少，因此不适合大规模使用这两种技术。

C 热预处理法

热预处理法根据处理温度的不同分为低温热预处理（<110℃）和高温热预处理（110~250℃）。热预处理法主要是将细胞膜解体，从而造成总 COD 溶解度的提升。低温热预处理尽管不会造成复杂分子的降解，但是它能有效增加大分子的分散性。研究发现（Audrey，2011）将预处理温度从 50℃升高至 95℃时，可以导致细胞不断的分解，但是对于絮凝体结构的影响比较有限，絮凝体的尺寸大小基本保持不变。可生物降解性的实验结果表明，热处理后的可生物降解性没有明显的改善，仅仅是提升了表观消化效率。在 95℃下，COD、蛋白质和糖类的可溶解度升高至 12.4(±1.3)%、18.6(±1.8)%和 7.4(±1.9)%。此外，有学者（Raifique，2010）研究了热预处理对有机固废产甲烷的影响。热处理表明在温度范围为 50~100℃时，厌氧消化阶段甲烷的产量得到了提升，在 100℃时获得了最高的提升，其生物气和甲烷分别得到了 28%和 25%的提高。而高温预处理可能会带来一定的负面作用。在 110℃下时，有机粪硬化及颜色上的暗化，导致了较低的生物气的产生，这可能是因为发生了 Maillard 反应，该反应是氨基酸和还原糖

之间的化学反应，在这一过程中，会产生难闻气味的气体分子。

热处理方法的优点在于可适用于工业级使用，并且由于高温可以有效杀菌，且热处理也提高了脱水性能，降低了沼液的黏度（Ariunbaatar，2014）。但是，除了上述的优点外，热预处理也会造成挥发性有机物的损失，从而减少甲烷的产量。

D　生物预处理法

生物预处理法从氧气需要上分为厌氧和好氧两大类。也可以通过加入特定的酶至厌氧消化系统中提高处理效率。进一步地，可以将生物预处理法分为传统的生物预处理法，两相厌氧消化技术，温度相厌氧消化（Temperature Phased Anaerobic Digestion，TPAD）。好氧预处理像堆肥或者生物好氧处理如果加至厌氧消化处理系统的前端，就能够获得对复杂底物的更高的水解程度。有学者（Fdez-Guelfo，2011）研究了生物预处理法对工业有机固体废物的干-中热厌氧消化的影响。与没有加入过的相比，通过加入腐熟肥料、污泥以及泡盛曲霉（Aspergillus awamori），发现微生物最大表观增长速率增加在160%~205%。此外，还有的研究表明，在前端放置好氧处理段可以提高 VFA 的形成，这得益于好氧段提高了厌氧消化过程中水解细菌和酸化细菌的生物活性（Lim，2013）。此外添加特定菌种还可提高总 COD 的去除效率，像添加绒毛栓菌（Trametes pubescens）可以有效将总 COD 去除率提升 1.87 倍左右。而在两相厌氧消化技术里，所谓两相，一是水解酸化阶段，二是产甲烷阶段。将一个厌氧消化池分成两个池子，从而增加对 pH 值的控制，获得更高的负荷量，增加甲烷产率以及进一步增加挥发性固体的减量化。但与此同时，该方法也造成了产酸菌的生长抑制，增加了工艺段数以及更高的操作成本。研究发现（Zhang，2005）pH 值对水解和酸化两相厌氧消化影响较大。批次实验表明 pH 值的调节能够提高餐厨垃圾的水解和酸化速率，当 pH 值分别调到 5、9、11 时，pH 值为 7 能够获得更好的降解效率，此时可以达到 86%的总有机碳（Total Organic Carbon，TOC）和 82%的 COD 去除率，此时在第四天时 VFA 达到最高浓度，为 36g/L。总 VFA 的产率（TS）为 0.27g VFA/g，是不调节 pH 值对照组的两倍。此外，酸化产物中含有更少的乳酸更有利于产甲烷阶段的进行。并且 pH 值为 7 时，更多的氨氮产生使得酸化液变成缓冲溶液。除了两相厌氧消化法的改进外，温度相厌氧消化法也得到了一定的关注，该方法通常是由初级高温消化池和二级中温消化池构成。该方法可以获得更高的甲烷产量以及病菌的去除。学者（Wang，2012）对餐厨垃圾和聚乳酸在 TPAD 系统内实现共厌氧消化，高温反应器（80℃）和中温反应器（55℃）共同构成该系统。结果表明，在中温反应器加入氨能够提高聚乳酸向乳酸的转化，并且能够提高甲烷转化率。在有机负荷（Organic Loading Rate，OLR）为 10.3g COD/d 下，聚乳酸在两段的转化率分别为 82.0%和 85.2%，高于单独使用中温反应器的 63.5%聚乳糖转化率。甲烷转化率在TPAD中分别为82.9%和80.8%，高于单独使用中温反应器的70.1%。对生物群落进行分析，其结果表明，高温段能够很好地嵌入到传统的中温厌氧消化池之前，无需加入特殊菌种。

E 预处理联用技术

一般认为两相厌氧消化中第一段为生物处理过程，因此，三段法也被人看成一种联用的预处理方法。有文章（Kvesitadze，2012）研究了两相厌氧消化技术对于处理城市固废有机部分产氢产甲烷的影响。在中温段，累计产氢量（VS）为82.5L/kg，对城市固体废物有机部分的加入碱性物质进行碱性水解预处理以及使用分解纤维素厌氧菌和糖解厌氧菌混合培养将累计氢气产量（VS）提升至104L/kg，并且产热量和发电量提升了23%和26%。

综上所述，通过一定手段的预处理对于有机固体废物的厌氧消化能获得更好的效率，但是这些方法里不是所有的措施都能用于工业应用，这主要受制于高的投资成本、能源的消耗以及化学试剂投加成本和复杂的工艺流程等（Ariunbaatar，2014）。对于有机固体废物的工业化应用而言，目前，有热解处理（Thermal Hydrolysis Process，THP）和热-化学法联用以及机械预处理法实现了大规模应用。这些预处理方法的可持续性评价在表1-4给出，从清洁能源、绿色环保的角度考虑，应该要选择那些环境友好型以及低成本、高效率的预处理方法。表1-4表明低温热预处理和两相厌氧消化法更适用于提高有机固体废物处理，这主要包含了更高的生物气产量和能够去除病菌，更低的能源需求以及减量化效果好（Rafique，2010）。

表1-4 预处理方法提升厌氧消化技术处理有机固体废物的可持续性评价

预处理方法	处理效率	能源需求和经济成本	环境影响
机械预处理法	高	一般	低
高温热处理法（>110℃）	低	低	高
低温热处理法（<110℃）	高	高	高
传统生物法（添加酶或腐熟肥料等）	高	高	高
两相厌氧消化法	高	高	高
化学法	高	低	低
热化学法	高	低	低

1.3.1.2 厌氧消化影响因素

除了对厌氧消化的预处理外，厌氧消化技术的技术参数也会起到重要作用。这些影响因素包含：底物组成、温度、pH值、氧化还原电位（OPR）、搅拌、抑制，以及投配率等（肖波，2006）。因此有必要对厌氧消化技术本身进行深入的研究。

A　底物组成

底物决定了其在厌氧消化段降解的效率以及甲烷产率的大小。学者（叶小梅，2008）研究不同底物组成和浓度的有机固体废物时发现，在控制其他变量一致时，控制池中 COD 进料分别从 34.5gCOD/L 提升至 81.1gCOD/L 和 113.1g COD/L，其最大生物生长速率分别减少了 63%和 65%。这表明更高浓度水平的酚类物质和生物毒性造成了 COD 降解率的下降。底物中的 C/N 也会影响产生物气量，过高的 C/N 比导致微生物生长缓慢，氮元素成为受限因素，还导致消化液缓冲能力下降（叶小梅，2008），而 C/N 比过低，导致体系 pH 值升高，铵盐积累导致有机物分解收到抑制（金秋燕，2016）。一般认为，C/N 应该维持在 10~30 之间有利于控制底物的降解。

B　pH 值

pH 值是最为重要的环境因素之一，这主要决定了不同菌种的生长状况。产酸菌所适应的 pH 值在 5~8 时活性较高，适应范围广，而产甲烷菌的适应范围只有 6.8~7.2，一般在单相反应器中，需要考虑产甲烷菌的活性，所以需要控制 pH 在中性范围，由于厌氧消化系统中不断积累 VFA 造成 pH 值的下降，就极大影响厌氧消化的效率（梅冰，2016）。因此在厌氧体系中形成缓冲溶液，构建缓冲能力，有助于帮助 pH 值的控制。有研究（Lay J J，1997）发现高含量固体成分污泥初始 pH 对甲烷产量影响较大。其结果表明，pH 值在 6.6~7.6 时，甲烷产率较大，修正的 Haldne 方程用于解释 pH 值对于各种含水率下的产甲烷活性的影响，当 pH 超过 8.3 或者低于 6.1 时，产甲烷速率明显降低，严重影响了厌氧消化的速率。当使用完全混合式对有机固体废物进行厌氧消化处理（周富春，2006），其中 pH 的实验结果表明，当 pH 值低于 6.3 左右时，产甲烷菌受到严重抑制，厌氧消化系统停止产气，鉴于此，需要特别关注反应器中 pH 值的控制，这对于选择、设计及调试有机固体废物厌氧消化工艺有重要意义。

C　温度

温度同样也会对微生物的生长起到关键作用，对于培养不同温度条件下的菌落有着不一样的影响。因为温度主要影响了微生物中水解酶等的活性，从而降低对有机物的去除。厌氧消化过程温度一般分成低温厌氧消化（<20℃）、中温厌氧消化（35~40℃）和高温厌氧消化（50~55℃）。有学者（李连华，2007）研究了秸秆在中温、高温和环温条件下的生物气产量、甲烷含量以及发酵液乙酸浓度的影响。结果表明，高温下干物质产气率比环温和中温产气率提高 42%和 21%，可达到 0.24L/g。但是高温也引起了酸化导致系统出现运行故障的情况。有研究（Greses S，2017）分析了在中温和高温条件下厌氧消化系统中微生物群落的特征。分别通过在中温厌氧膜生物反应器（Anaerobic Membrane Bioreactor，AnMBR）和全混合厌氧反应器（Thermophilic Continuous Stirred Tank Reactor，

CSTR）中观察微生物的变化趋势，结果表明，当中温厌氧膜生物反应器对70%的藻类生物进行降解时呈现出了高的生物多样性，这主要是由于膜生物反应器带来更长的固体停留时间（Solid Retention Time，SRT）。而CSTR表明产氢的是甲烷产生的重要步骤，主要受到EM3门类细菌的影响。

D 氧化还原电位

厌氧条件下主要通过氧化还原电位来表明体系中的氧化还原性。一般，氧气融入发酵液中是造成OPR升高的主要原因，但是一些金属离子或者阴离子、阳离子等也会使厌氧消化工艺中的氧化还原电位升高（周富春，2006）。有学者（李刚，2001）通过研究不同温度体系下厌氧消化的氧化还原电位的范围。其低温厌氧下为-500～-600mV，中温厌氧下和低温厌氧下的氧化还原电位一般小于-300～-380mV。产甲烷菌需要低于-350mV才可能产生生物气。通过能斯特方程同样也可以发现，厌氧消化液中溶解氧的分压需要低于1.01×10^{-70}Pa(10^{-75}atm)。

E 搅拌

搅拌的作用是进一步加速底物的分解速度，防止局部过度酸化，有利于沼气逸出（叶小梅，2008），加大甲烷的产量。有研究（Stroot，2001）通过将市政固废与生物固体共置中温厌氧消化（37℃）。实验结果表明，通过降低混合水平提高了厌氧反应器的性能，通过比较不同混合程度的连续混合消化反应器中，最小化混合消化反应器表现最佳，而通过降低混合程度可以将一定不稳定、连续混合厌氧消化器能够快速稳定下来，而连续混合对于较高负荷率下呈现出抑制作用而不是改善作用，这主要是因为剧烈搅拌破坏了微生物絮凝体。当一个连续运转厌氧消化器在启动阶段应逐步增大有机负荷以免运转失败。当产甲烷为限制步骤时，应考虑低的混合程度即控制低搅拌速率，而水解步骤为限制步骤时，高强度搅拌有利于水解反应的进行（肖波，2006）。

F 抑制

厌氧消化过程中抑制作用普遍存在，这些抑制作用包括pH抑制、氢抑制、氨抑制、弱酸弱碱抑制、VFA抑制（肖波，2006）还有有毒物质抑制。这些抑制都是对厌氧消化过程产生较坏的影响。有研究（孙建平，2009）对重金属对厌氧消化带来的影响进行了研究。当废水中含有重金属铜、锌、铬以及抗生素时，废水相当于18.2mg/L氯化汞时，厌氧消化产生了强的自抑制作用。硫酸盐和硫物质在厌氧消化过程中由于还原反应生成H_2S或者可溶性硫化物等，不断累积后对产甲烷产生抑制（周富春，2006）。过高的氨氮对于厌氧消化也产生了抑制性影响。有研究（张波，2003）认为单相厌氧消化系统和两相厌氧消化系统对氨氮的承受能力不同，单相湿式系统中高氨氮含量造成微生物破坏，而高度的混合程度也造成了更多的氮的溶出。而两相因为将水解酸化菌和产乙酸产甲烷菌分开放置，从而提高了体系的稳定性和产气效率。相比之下，两相系统最高有机负荷率

（VS）可以达到 8kg/(m^3·d)，而单相系统最高有机负荷率（VS）只达到 4kg/(m^3·d)。当 C/N 比高于 15 时的有机固体废物处理时，单相系统是比较适用的，而 C/N 低于 10 时有机固体废物处理应该考虑两相厌氧消化法。

G　投配率

投配率是每日投加生物泥量占反应器有效容积的百分比，过高的投配率造成产酸速率高于分解速率，导致 VFA 的大量积累，进一步导致 pH 值的降低，前面已经叙述过，pH 值需要稳定在一个合理的范围才能保证微生物的正常活性。研究发现（李志东，2007）当污泥投配率在 3%~10%时，有机物分解率呈现先增后减的趋势，去除率均在 30%以上；污泥投配率在 15%~20%时，污泥的有机物去除率非常小，污泥投配率在 5%时，有机物分解率最大为 41.2%；单位 VSS 产气量随污泥投配率的增大而呈先急剧上升后逐渐下降的趋势，当污泥投配率为 5%时，单位 VSS 产气量为 0.60L/g。因此，根据一般的运行经验，我国中温厌氧消化的投配率一般为 5%~8%（金秋燕，2016）。

此外，一些新厌氧消化技术的研发也改善了原有的厌氧消化技术的缺点。如 MixAlco 工艺使用甲烷抑制厌氧发酵，将废物生物质转化为羧酸盐，这是一种使用化学方式将底物转化为工业化学品和燃料的方法（Lonkar S，2017）。

1.3.2　好氧堆肥技术

好氧堆肥是通过将要堆腐的有机物料与填充料按一定的比例混合，在合适的水分、通气条件下使微生物繁殖从而降解有机质，在这个过程中，由于堆肥产生的高温（50~60℃）可以有效杀死病原菌及杂草种子使有机物稳定化（黄得扬，2004）。通过胞外酶将不溶性有机物分解成小分子从而可以被生物所利用。新鲜的堆肥是中温段的中间产物，而腐熟堆肥是稳定化的最终产物。新鲜堆肥在土壤中可以随着进一步的降解和稳定化从而可以用在农业，有益于土壤结构的改善，增加微生物活性，以及通过矿化作用不断释放营养物质（Sharma V K，1997）。另一方面，腐熟堆肥可以视作有机肥料从而改善土壤。但是堆肥技术要想取得进一步的发展需要考虑将有机固废合理分类，才能实现更好的利用。

好氧堆肥是在特定条件下的一种生物氧化分解有机物的过程，作为一个生物法去除有机物，该方法的影响因素同厌氧消化较为一致，一般的影响因素为温度、湿度、氧气含量、pH 值以及 C/N 比等，最终的好氧分解产物为 CO_2、水、矿物离子和稳定化的有机质（或者称为腐殖质）。该过程分为 3 个主要的阶段：起始阶段在快速降解有机物质。而后到了中温段，主要是纤维素和与之类似的物质通过高微生物氧化性进行降解，最后是腐熟及稳定阶段。该过程也可以被认为是两个主要的阶段组成：一是矿化阶段，二是腐殖化。矿化将比较容易降解的有机物进行发酵，如糖、氨基酸等。降解过程伴随着大量的微生物活动从而产生大量热量。当有机部分耗尽之后，细胞通过自代谢从而走向凋亡。而有机底物的转化阶段在腐殖化过程不需要像矿化阶段那样提供充足的氧气，从而可以实现清除有毒的肥料以及形成含腐殖化的底物。腐殖化过程通过特定的微生物合成复杂的三维聚合物。在第一个堆肥阶段，需要提供充分的氧气，一般为5%~15%，主要是为了保证微生物的正常活动以及适宜的升温，另一方面，在矿化阶段则不需要过多的氧含量，避免过高的氧含量过度矿化有机底物。在腐熟阶段，氧含量就需要得更少了。除了氧含量，底物的组成影响也比较大，在表1-5给出了从不同固废收集的进行堆肥的物质组成特征。如果底物中含有惰性物质、塑料、玻璃、重金属，以及难生物降解的有毒有机底物（像表面活性剂、碳氢化合物、个人护肤品等），会对微生物新陈代谢造成严重影响，并且扰乱正常的处置流程。针对上述情况，惰性物质可以通过物理手段进行分离，如旋转分离；重金属可以通过加入硫化铁或者硫酸盐进行有效结合。而进料的含水率也同样会产生影响，值得注意的是，过高的含水率会造成底物氧化不完全的问题，而过低的含水率会过早扰乱工艺进行。此外C/N比也是一个重要影响因素。在厌氧消化中我们提到过，C/N比影响微生物的生长。过高的C/N比抑制了微生物的新陈代谢，而过低的C/N比造成氨挥发从而造成氮元素的损失（Sharma V K，1997）。堆肥最佳的pH值范围为5.5~8.0，而过高的pH值导致氮元素以氨气的形式挥发，影响堆肥品质，一般控制pH值在7.5以下（靳文尧，2018）。有学者研究了不同有机固体废物的pH值的变化与原材料的性质对产物pH值的影响，其研究结果发现，有机固废单独好氧培养过程中有机碳的矿化与其总有机碳（Totol Orgainic Carbon，TOC）的溶解度和有机碳的含量有关。高含量TOC和可溶性有机碳的增加，使得有机碳分解变快和CO_2释放量增大；pH值的变化与铵态氮和硝态氮的产生与转化有关，氨化作用占主导地位时，pH值升高，而硝化作用占主要地位时，pH值下降，整个堆体的pH值呈现对应的下降趋势，堆体的pH值从大到小排列是玉米秸秆、水稻秸秆、木屑，这与这三种有机固废中的有机酸的含量顺序一致；而较低的C/N比可以提升氨气的释放，与有机固废中氮含量有一定的关系。有机固废经过好氧堆肥后将大部分的N元素转化为硝酸根。Nakasaki等也同样研究了垃圾堆肥中pH值对于堆肥的影响。其研究结果表明，通过加入CaO以防止pH值迅速下降至7以下，尤其是在堆肥早期阶段，在对照组（不加入CaO）中，有机物的降解速率在加入石灰组中比没有加入降解速度快。尽管通过控制pH值氮元素的损失变多了，但是氮元素损失的增加量相对较小。利用含有葡萄糖和蛋白质的液体培养基作为营养物质，研究了pH值对微生物活性的影响，合适的pH值有助于更快的堆肥速度。微生物蛋白质的生长速率和有机质降解活性的最佳pH值在7~8范围内，而葡萄糖的分解在堆肥的早期阶段迅速进行其pH值范围为6~9。对于不同的有机固废其最终堆肥产物由于其底物组成不同，元素含量组成也差别较大。王星对农业有机固废进行了堆肥，研究在不同发酵条件下，堆肥发酵特性以及N元素的迁移转化规律，研究采用密闭容器强制通气法和翻堆法进行好氧堆肥，对两种方法中的动态过程变化进行了检测，并且研究了不同条件下堆肥氨氧化规律的差异。其结果表明，翻堆堆肥比通风堆肥温度高2~4℃，有机质降解率和最终产物含水率分别高出28.25%和8.08%，从而发现通风堆肥的硝态氮含量高出翻堆堆肥法23~165mg/kg，而种子发芽率表明GI>50%；在堆肥温度的升温、高温、降温和腐熟阶段，有机质呈现下降趋势，而对应的氨氮是呈现抛物线由高到低，硝态氮始终呈现上升趋势。因此，不同的有机固废可能造成最终产物中的含氮量不同，这都与有机固废的底料组成有重要联系。

表1-5　不同固废堆肥的特点比较

成　分	来自城镇固体废物形成的肥料	来自污泥形成的肥料
比重量/kg·m^{-3}	250~300	550~650
湿度/%	30~35	35~40
有机底物（SS）/%	70~75	60~65
pH值	7~8	7.2~7.8
总氮（SS）/%	1.2~1.4	1.5~2.0
无机磷（SS）/%	0.5~0.6	0.7~1.5
K_2O（SS）/%	0.3~0.4	0.5~1.0
C/N比	20~25	15~20
镉/mg·kg^{-1}	2~4	2~4
镍/mg·kg^{-1}	40~50	25~35
铬/mg·kg^{-1}	80~100	10~20
铜/mg·kg^{-1}	150~300	100~200
锌/mg·kg^{-1}	300~600	800~1600
铅/mg·kg^{-1}	250~350	100~200
粒度大小	较大	非常细
玻璃	不存在	不存在
塑料	存在	不存在
寄生虫	不存在	不存在
植物毒性	不活跃	不活跃
有毒种子	无	无

自然堆肥过程对于可溶性较好的有机质降解比较充分，通过好氧堆肥的方式可以有效降解，但是对于难降解的有机质，好氧堆肥难以将其生物氧化分解，此时，通过加入添加剂有助于快速的分解，并且保留最终产品中的氮素。史春梅等分别以 $Mg(OH)_2$ + H_3PO_4、磷酸、磷酸二氢钾+氯化镁以及碳酸二氢钙+氯化镁为固氮添加剂，以猪粪和玉米秸秆作为堆肥原料，以强制通风静态垛堆肥装置进行高温好氧堆肥，其研究结果表明，氨的挥发主要发生在堆肥前期，而这四种添加剂的加入减少了前期堆肥过程中氨的挥发，其中效果最明显为磷酸二氢钙+氯化镁，氮素的损失为堆肥原料中氮含量的7.59%。与此同时，磷酸二氢钙和磷酸处理过的有机物降解率明显低于其他添加剂，受到了明显的抑制作用，各添加剂的有机物降解率仅为对照组的58.48%~98.70%，最终堆肥产品的种子发芽指数（GI）为69.87%~118.24%，表明在堆置39天后达到了腐熟的状态。研究者通过模糊评价综合得出磷酸二氢钾+氯化镁的固氮添加剂有利于堆肥过程中氮素的保留。微生物的加入可以有效调节菌落结构，提高微生物活性，从而提高堆肥效率、缩短发酵周期、提高堆肥制品的质量。复合微生物菌群的加入对于堆肥的作用明显高于单衣的菌群，通过将康氏木霉、白腐菌、变色栓菌与EM菌、固氮菌、解磷菌、解钾菌按一定比例混合得到高效复合菌剂，在这种高效复合菌剂的协同降解作用下，即通过EM菌将有机堆肥原料中糖类、蛋白质、淀粉、脂肪等易降解有机质分解，将纤维素软化，为康氏木霉、白腐菌和变色栓菌提供有利条件将木质纤维素大分子降解为小分子，作为EM菌的营养物质，从而使得EM菌、康氏木霉、白腐菌以及变色栓菌形成共代谢，此时固氮菌将空气中的氮素转化为微生物生长所需要的氮素，解磷菌、解钾菌将堆料中生物难降解的P、K元素有效转化，可使得微生物吸收。通过这样一种加入复合菌群的方法有效解决了木质纤维素在堆肥中难降解的问题。同样地，袁月祥等也使用了复合菌剂强化纯秸秆堆肥降解的过程，加快秸秆腐熟的过程。研究发现，秸秆堆肥过程中，渗滤液的产生量和其中的污染因子随时间推移而降低，初期下降较快而堆肥后期下降平缓，通过添加复合菌剂使得秸秆堆肥时间缩短，加快了秸秆分解，秸秆中各个组分分解速度有较大的差异，其中以半纤维素降解最快，纤维素次之，而木质素降解最慢，这可能是与复合菌剂中缺乏高效木质素分解菌有关，因此可以考虑加入类似于康氏木霉、白腐菌和变色栓菌等菌群加快木质素的降解。

值得注意的是，堆肥化中，酶是一个极其关键的物质，酶主要起到了催化作用。有机固体废物的堆肥化过程可以近似地看作是酶催化反应过程，主要是因为可以将酶的催化作用看成是酶表面上吸附有机底物后再进行反应，其中最重要的酶催化反应动力学模型为米歇里斯-门坦动力学模型，该模型可以用定量的方式描述有机固废所控制不同工艺条件下的发酵速度，从而进一步的优化好氧堆肥工艺条件（胡天觉，2005）。

在好氧堆肥过程中一些比较先进的技术也得到了应用，比如 SACT 技术（Super Aerobic Composting Technology）属于动态高温好氧堆肥工艺技术的一种，该方法具备占地面积小、密闭性好，二次污染风险低、节能降耗的特点。以高温好氧堆肥为主的生物处理技术对于污泥处理处置和有机固体废物的处置改善了传统的好氧堆肥技术的一些缺点，加快了整个污泥处理行业的进一步的发展。

尽管堆肥的产物可以对土壤产生不错的效用，但是堆肥产物同时也可能带来一系列的副作用，这主要是由堆肥产物中的物质组成决定的。一方面来说，重金属污染是堆肥最有可能发生的问题，尽管有机固废好氧堆肥通过固化、钝化降低了一部分有效态重金属的含量，但由于重金属具有较强的生物难降解性和稳定性，使得堆肥施用过程会存在重金属累积的风险；此外，污泥堆肥和餐厨垃圾堆肥中盐分含量较高，当这两种有机固体废物进入到土壤中之后还可能造成土壤的盐碱化问题，恶化土壤结构性质，改变土壤碱度，从而抑制土壤中微生物的活性，而氨氮经过雨水冲刷后也可能渗入地下水中，造成地下水的污染（周继豪，2017）。Speir 研究了在施用污泥后，重金属（Cr、Cu、Ni、Pb、Zn）在土壤中的浓度、溶解度和迁移率。其研究发现，在施用污泥后，由于不稳定的有机质的分解，铵态氮的硝化作用和硫化物的氧化作用共同导致了土壤中 pH 值明显降低，与此同时，土壤溶液中的 Cu、Ni 尤其是 Zn 的浓度剧增，并且在地下水中也发现了这三类重金属的含量有所增加。通过施用污泥后，加入石灰中和，使得土壤溶液中重金属的浓度大幅度下降，例如，Zn 从 27mg/kg 下降至 0. 04mg/kg，因此，pH 值决定了重金属的溶解度从而决定污泥施用所带来重金属污染的严重与否。因此，我们需要关注在有机固废堆肥后 pH 值的变化以及重金属含量的变化，这对于堆肥的无害化处置是极其重要的。因此，有人提出通过加入吸附剂在土壤中能有效去除重金属的污染。Zorpas 等使用天然沸石和斜长沸石作为金属去除剂去除污泥中的潜在的重金属，当用作堆肥过程中的膨胀材料后，在原始污泥和腐熟 150 天后的最终堆肥产品中采用重金属浸提，重金属的成分包含了可交换态、碳酸盐类、可还原性、有机类及剩下的残留态。其结果发现，没有被沸石吸收的金属的形态主要是残留部分，而残留部分被认为是无害的、惰性的。

此外，在实现有机固废“三化”原则时，还有一些问题亟待进一步的研究，例如：木质素降解难的问题以及腐殖质的腐熟度确定，还有未来发展趋势的自动化控制问题。解决这些问题，能够节省人力成本以及更好提高堆肥效率。

1.3.3　焚烧技术

焚烧是有机固废处置中减量缩容效果较好的一个技术，但是该方法并不是一个环境十分友好的处理处置技术。该技术将固体有机废物置于高温炉中，使其中可燃成分充分氧化，最终转化为水和二氧化碳，经净化后直接排入大气，可以将固废减容85%以上，节约了土地资源，但是焚烧过程中产生的硫氧化物、氮氧化物、Hg等重金属以及多环芳烃等污染物对周围环境安全造成了极大影响（田键，2017）。

通过垃圾系统污泥焚烧发电技术能够有效实现有机固废的减量化和资源化，消除了填埋技术所带来的大量土地侵占的缺点。有学者研究了垃圾协同污泥焚烧发电技术的适用性，分析结果表明，污泥入炉的多少对燃烧效果和烟气排放指标有明显的影响，当污泥比例超过8%时，有压火效应的出现，当垃圾热值较高的情况下，单纯焚烧垃圾造成培风难以控制，而加入污泥有助于降低垃圾的着火速度，有利于控制炉膛温度，当掺烧比在10%以上时，尾气排放指标符合GB 18485—2014排放标准，尾气中SO_2能够达标排放，该方法对于实现固废协同焚烧技术的发展有借鉴意义。此外，生活垃圾焚烧技术近年来也得到了较快发展。2016年我国焚烧处理规模达到28t/d，装机容量达到5234MW，与2010年相比规模更大（如图1-7所示），以炉排炉技术和流化床技术为主，但其中流化床技术存在用电率高、节能效果差、CO难以达标、飞灰产量大、运行管理难度高等缺点，未来发展需要以固废综合园区建设实现污泥、废渣、废液集中处理。

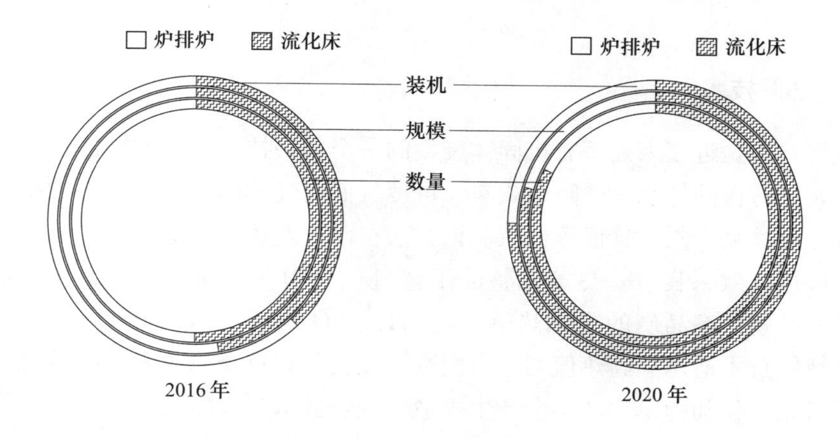

图1-7　2016年和2020年垃圾焚烧技术变化对比图

首钢北京地区焦化厂所产生的有机固废提出使用配型煤炼焦工艺，工业级试验结果表明该工艺可以达到以下综合效果：全部无害化处理和资源化利用来自首钢焦化厂的有机废弃物；增加弱黏结煤配比，降低炼焦成本；改善焦炭质量（廖洪强，2006）。但是在处理有机固体废物时二次污染无排放的问题也需要得到重视。有学者（矫维红，2005）在0.15MW的循环流化床燃烧试验台上对城市生活垃圾和煤进行混烧试验。研究结果表明。重金属在焚烧产物中，通常以不同的化合物形态存在，改变城市生活垃圾与煤混烧时的燃烧工况条件，可以改变重金属化合物在焚烧产物中的形态，从而改变重金属在焚烧后底渣、循环灰、飞灰中的分布；此外在相同的混烧比下，加入不同的物料改变了二次污染物的含量。聚氯乙烯的加入，使得飞灰中二噁英类化合物的含量增加，石灰石的加入，飞灰中二噁英类化合物含量增加。添加辅助燃料（如煤）及改变焚烧条件，不仅可以稳定燃烧，而且有利于抑制焚烧中二次污染物，如一氧化碳及二噁英等有机污染物的生成。此外，还有人对燃烧产生的经济效益进行了研究。有学者（刘钢，2011）分析了秸秆发电厂燃料收集半径对其发电经济效益影响。他们指出收集半径越大，运输费用越高，电厂燃料成本也越大，导致利润越低。当燃料收集半径从 30km 增加到 50km 时，秸秆发电厂的盈利能力降低 20%～30%。因此发电厂的装机规模建议为 30MW。近年来，新开发的气化熔融焚烧技术是对传统焚烧技术的革新（王华，2003；胡建杭，2008），该技术能够将 450～600℃下的热解气化和灰渣在 1300℃以上熔融有机结合。该过程可以在还原性气氛下热解制备可燃气体，此时有价金属没有被氧化有利于有价金属回收利用，同时，Cu、Fe 金属不催化促进二噁英类物质生产，在 1300℃以上高温下含炭灰渣能够熔融燃烧，消毒后可实现再生利用（王华，2003），这是未来焚烧技术的发展趋势。

1.3.4　热解技术

热解技术是近年来处理有机固体废物的一个新兴技术。该方法通过在无氧化条件下，将有机固体废物热降解成炭、可冷凝液和气体的过程。具有效率高、全量处理、产品具有附加价值等优点。该方法在西方发达国家已进行了中试以及工业化的应用，效果良好。热解完整的工艺过程分为 3 个阶段：干燥、热解、气化，最终产物是高品质的可燃热解气（CH_4、CO、CO_2、H_2 等）及少量焦油和焦炭。热解技术适用于高热值的有机固废，以及含有重金属的固废，通过热解后重金属可以固化和稳定化，不会产生类似于焚烧技术带来的二噁英。但是热解技术可以考虑搭配预处理技术，降低含水量从而有利于产气的过程。热解技术作为焚烧法的一种改进措施，兼具了焚烧法的优点和控制有毒污染物的特点。和焚烧技术的对比在表 1-6 中给出，说明了热解法的相对优势明显。其热解法的主要优势为投资运行成本低，设施简单。占地面积小，投资费用仅是焚烧设施的 1/3；运行可靠，寿命长；无害化程度高、二次污染小，这主要是热解是在无氧或者缺氧条件下进行的，不产生二噁英类污染物，且热解渣熔融性高固结重金属的能力强，对周围环境影响较少；产品利用率高，热解气热值高；处理有机固废范围广（沈海萍，2008）。

表 1-6　焚烧和热解特点对比

技术	焚烧法	热解法
气氛	好氧	低氧或无氧
设备	流化床	回转窑
温度/℃	800~900	700
尾气处理设备	布袋除尘器和尾气处理装置	热解气处理装置
产物	蒸汽	热解气
处理量/$t \cdot h^{-1}$	>10	4
装置特点	适合集中装置	适合分散装置
废气排放情况	高排气量	低排气量
年运行时间	6000	8000

在热解产物和所带来的热量方面，很多研究表明，不同的产物会带来不同的热解产物，从而会带来不同的燃烧热值。有研究（Font，1995）对比了不同的有机固废中热解之后所得到的热解产物。他对比了杏仁壳、城市固废、木质素和聚乙烯热解的产物。热解产物的产量取决于工况条件和固废的不同。实验结果表明，杏仁壳的热解产物在 850℃ 下时含有 89% 的全烃（total gas），8.6% 甲烷和 4.2% 的乙烯。而城市固废在 850℃ 下则有 47% 的全烃、4.2% 甲烷和 3.4% 的乙烯；聚乙烯在 800℃ 时有 95% 的总转化率，获得了 19% 的甲烷、4% 的乙烷、37% 的乙烯、5.5% 的丙烯、5.0% 的丁烯、25% 的苯以及 2.1% 的甲苯。因此热解过程形成了不同的化合物，CO_2、烯烃、芳香化合物、不饱和化合物。此外，有学者（Agar，2018）研究了城市污水处理厂的污泥和城市固废中的有机粉末的热解潜力。通过固定床反应器对原料进行热解，对形成的焦炭进行表征。城市污泥和城市固废的有机颗粒在 700℃ 下热解 10min 得到的产物分布（焦炭、液体、气体）分别为 45%、26%、29% 和 53%、14%、33%，从污泥中获得的热解气体的可燃组分在 36%~54%，而城市固废的有机微粒能达到 62%~72%，因此导致了不同的低位热值分别是 11.8~19.1MJ/m^3 和 18.2~21.0MJ/m^3，证明了热解法可以从这两种丰富的原料中回收能源的潜力。另外，加入一定的添加剂有助于稳定重金属的稳定化。有研究（Hu，2018）将混合硫酸亚铁/硫酸铁加入到飞灰/污泥之中。结果表明，在所得焦炭能满足填埋场标准（GB 16889—2008）的范围内，适当添加混合硫酸亚铁/硫酸铁有利于提高飞灰/污泥混合物中的飞灰的比值。当添加剂为 1.5% 质量分数的干污泥（基于铁元素），热解温度为 500℃ 时，最大比例（质量分数）为 67%。且对处理后的焦炭进行了毒性浸出实验发现重金属离子浓度在国家标准以下。通过热解将有机固废制备成生物质炭也是将畜禽固废有效资源化的一种办法。有学者（王立华，2014）研究了热解温度对猪粪和鸡粪为原料制成的生物质炭的影响。结果表明，随着热解温度从 200℃ 升高至 700℃ 的过程，

生物质炭的得率不断降低，生物质炭呈现中性或碱性。低温热解下（≤300℃）生物质炭含氧官能团和原始固废比并无明显变化，而只有当高温热解下（>400℃），含氧官能团就明显减少了。在700℃下，热解鸡粪中Cu、Zn挥发损失为14.02%和21.70%，从大气污染防治方面考虑，鸡粪热解温度需要控制在500℃左右。对于热解过程的失重特性、动力学机理以及气、液、固三相产物的分布及形成规律需要进一步阐述，从而有利于热解法进一步的达到有机固废无害化、减量化的目的。毛俏婷等选用聚丙烯（PP）作为废塑料的代表以及将竹屑作为生物质的代表，研究了在热解过程中的失重特性、热力学机理、产物分布行为等特性的影响，并研究了混合热解中生物质和废塑料的协同作用机制，其结果表明，随着塑料掺杂的比例不断增大，塑料热解温度区间内最大失重速率对应温度降低，从501℃下降至471℃，混合热解终止温度降低，这表明反应所需总活化能先减小后增大，在聚丙烯和竹屑比例为1：3的情况，此时活化能最小。其产物分析结果表明，随着聚丙烯的比例上升，混合热解气体产物中CO和CO_2的比例线性下降而甲烷的含量缓慢增加，C_{2-4}产物则快速增加，而液体产物中含氧组分逐渐减少，碳氢化合物快速增加，热解焦炭中羟基减少而C-H芳香基团增加（如图1-8所示）。其理论数据和实验数据解释了生物质和废塑料之间存在协同作用，协同作用使混合热解过程中生物质反应所需能量减少，废塑料反应所需能量增加，总活化能减少；促进CH_4等烃类气体生成，抑制CO_2等含氧小分子气体生成；促进芳烃和烷烃等烃类液体产物形成，抑制酚类、羧酸、呋喃、酮类等含氧液体产物形成。此外，加入催化剂形成催化热解的方式可以有效实现将热解产物定向转化为芳香烃类液体燃料，通过这一种方法可以有效将生物质提质为醇、醚等易燃含氧有机物液体燃料。杨义等以纤维素作为典型生物质代表，以催化热解的方式转化为不含氧芳香烃类液体。筛选了不同催化剂的分解产物的产率（如图1-9所示）。其中以HZSM-5（23）沸石分子筛类催化剂，在热解温度650℃、生物速率10000K/s的工况条件下，单环芳烃、多环芳烃产率达到9.90%和12.91%，总芳香烃类产率达到22.81%，其分解效率最好产率最高。一旦温度升高至650℃以上，单环芳烃和多环芳烃分子可能发生聚合反应最终生成积碳。其中纤维素的催化热解反应路径分为热解阶段、热解产物脱氧产生不含氧小分子阶段、不含氧小分子聚合成环阶段、单环芳烃的二次成环产生多环芳烃阶段4个主要阶段。

在有机固废热解反应器的设计研发上，也得到了相应的发展。目前，主要的热解反应器为固定床反应器、流化床反应器、旋转式反应器和其他类型的反应器。固定床反应器分为Lambiott SIFIC反应器、Lurgi反应器、Carbo双罐反应器，固定床反应器可以热解制备木炭，其木炭的产率高，质量好，热解气易于回收，但是缺点在于设备成本高，需要提供外部能源，其中车厢式气体产物产率为20%～

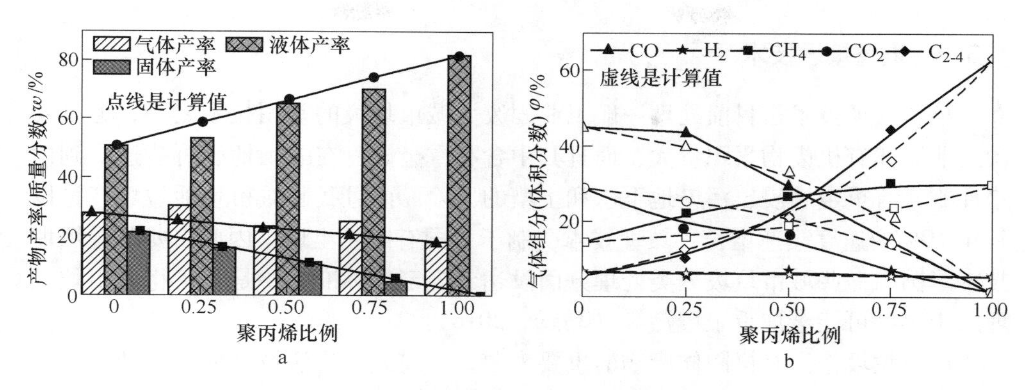

图 1-8 混合热解三态产率（a）及气体组成（b）

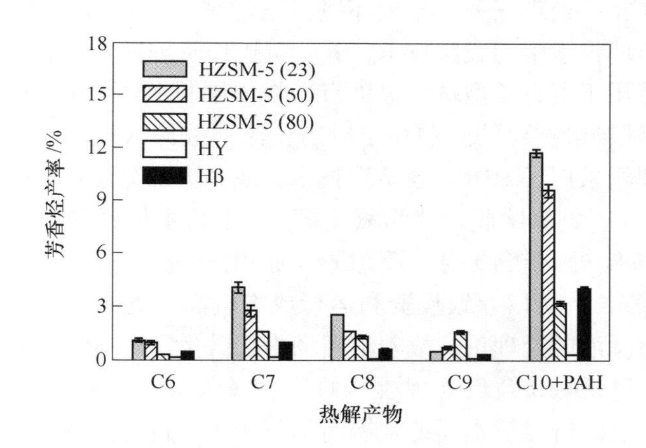

图 1-9 不同催化剂催化热解纤维素的液相芳香烃类产物分布

30%，固体产物产率为 30%~50%；旋转式反应器可以有效处理碎片及小颗粒的有机固废，主要包括 Herreshoff 反应器、回转炉反应器、螺旋反应器和旋桨反应器。其中回转窑反应器可以有很高的产油率（37%~62%）与木炭产率（19%~38%）；而流化床反应器，具备传热传质效率高、反应强度大、原料适应性广、处理量大的特点，但是也存在热解气热值低、能量消耗大、需要严格控制流化床内燃烧状态及热传递状态以及固定碳与沙子在刘华泰下磨损炉壁的缺点；目前最为成熟的热解反应器为固定床和旋转式反应器，固定床反应器由于最早工业化应用，而且炭产量高、质量好得到了较为广泛的应用，但具有需要集中供应原料、原料主要限制在以生物质为主的有机固废上的缺点，而旋转式反应器原料范围广，从生物质到生活垃圾、废旧轮胎、废旧塑料等各种有机固废的热解，这代表了未来商业化运行的一条技术路线，其中回转窑是目前应用最为广泛的炉型。

1.3.5 堆置填埋技术

堆置填埋技术是目前处理一般工业固废、城市垃圾的常用技术之一，但是我国工业固体有机废物累积量大，而且其中含有重金属，在酸雨地区可能遭受到雨水冲刷，有重金属浸出污染地下水和土壤的风险。而且我国城市生活垃圾产量以每年10%的速度飞速增长，填埋技术受制于我国有限的土地，因此需要改进填埋技术。国内一些城市垃圾分类处理方面没达到规定的标准，要是直接将城市垃圾埋入土壤，可能会加重土壤污染（马跃，2016）。

城市垃圾作为有机固体废物的重要来源，目前城市生活垃圾的处理处置仍然以填埋技术为主，占了垃圾总量的80%。但大部分垃圾填埋场的硬件设施不够完善，没能较好地完成处理任务，导致环境污染越来越严重（武志明，2019）。卫生填埋法作为填埋技术中的成熟技术，其具有操作管理简单、处理量大、投资和运行成本低、适用于所有类型垃圾等优点，在中国得到了广泛的使用（张英民，2011）。垃圾填埋场最主要的问题在于要防止渗滤液渗入地下，因此，近年来我国垃圾卫生填埋场采用了HDPE膜防渗技术，我国大部分填埋场采用了“物理预处理”（混凝沉淀、氨氮吹脱、化学氧化等）+生物主体处理（厌氧、缺氧、好氧等）+物化深度处理（吸附、反渗透、催化氧化）的联用工艺（魏云梅，2007），由于流程长，所以导致投资和运行成本较高。近年来生物反应器填埋技术具有可减少渗滤液的处理量、改善填埋场内部微生物环境、缩短产气时间和封场后维护时间、降低城市垃圾处理成本的特点（张英民，2011）。卫生填埋中产生的渗滤液成分也随着经济不断地发展而不断变化，目前渗滤液的主要成分为无机物和有机物，无机物以重金属和氨氮为主，高的氨氮影响了污泥的活性，这在好氧堆肥和厌氧发酵过程中也有印证，主要抑制了微生物的活性，众多的研究学者发现，垃圾渗滤液中的重金属含量高，以Cr、Ni、Zn、Cu、Pb为主，而且还有可能存在XOCs（非生物有机化合物）以及一些难降解的有机物如酚类、胺类和杂环类物质。

因此在我国卫生填埋处理有机固废方面，尤其是城市垃圾，具备广阔的发展前景，而防渗层性能、临时覆盖、建设形式和监测手段以及重金属和有机污染物的污染等问题是其发展的主要障碍（蒋建国，2005）。

1.3.6 其他处理处置技术

除了上述的一些对有机固废的处理处置技术外，一些新兴的处理处置方法也开始应用于有机固体废物绿色清洁处理上。

等离子体技术因其处理速度快、时间短、无二次污染的特点也逐渐得到了应用。有研究表明（李军，2000）使用电弧等离子体技术的高温突跃特性应用在城市污水厂污泥上，结果表明在等离子体作用区，泥条熔融呈玻璃态，分解彻底，而没有被电弧直接作用的泥条表明碳化，含水率和挥发分大量下降，且在此过程中得到的气体主要成分为CO，具有一定的能源价值。类似的，有研究学者（孙世翼，2018）设计了介质阻挡放电等离子体和射频放电等离子体强化处理剩余污泥。结果表明，经过120分钟射频放电处理的活性污泥COD降低了60%，BOD_5/COD比值从原先的0.16提升至0.62，这表明可生化性得到了极大的提升，混合液悬浮固体浓度降低了70%而混合液挥发性悬浮固体浓度含量降低了83%。而介质阻挡放电表明处理后的污泥悬浮固体浓度下降71%、挥发性悬浮固体浓度下降90%，总化学需氧量下降40%、可生化性大幅提高（BOD_5/COD提高至300%），除了能对污泥进行脱水、减量化和提高可生化性外，等离子体还能协同去除污泥中的重金属。Anshakov等介绍了应用等离子技术对城市固体废物气化过程的数值和实验研究，研究了形态组分的无机和有机成分的城市固体废物的气化过程中的能量消耗，还研究了不含无机成分的城市固体废物气化过程中降低能耗的影响。研究结果表明，每千克的城市固体废物需要提供0.98kW的能量，其中城市固体废物的无机部分在等离子体气化过程中需要0.09kW/kg能耗，而当无机部分除去后，在等离子体电炉处理容量为100kg/h时能量消化减少到9kW，从长时间运行结果来看节省了更多的能量。此外还有学者将热解和等离子体联用，来对有机固体废物进行降解，从常温和热态的角度对等离子体-热解技术进行分析，研究结果表明，经过常温实验，在相同床高及喷动气体量情况下，与单水平辅助气体相比，采用中心辅助气体比水平辅助气体可获得更小的最下喷动流化速度。而在热态实验中，石英砂的加入，提高了装置内传热效果，经过测量，装置内的石英砂可加热至900℃从而达到了物料热解温度。此外还对等离子体喷动-流化床的工作温度、颗粒循环速率、加热速率等进行了计算。加入水平辅助气体的稻壳等离子体热解的气体产物热值及气体转化率（标态）分别为20.6MJ/m^3和76.7%，大于未加入水平辅助气体的稻壳等离子体热解（标态）的14.71MJ/m^3和44.1%，水平辅助气体的加入可以使喷动床内物料实现水平流化与循环，减少反应器锥体部位循环死区，很大的提高传热效果。当水平辅助气体为水蒸气进行稻壳等离子体气化反应时，其气体转化率达到82%，高于无水蒸气加入的稻壳等离子体热解反应相应数值。通过实验得出，稻壳的喷动-流化床等离子体热解的产物的气体转化率及产气热值都远大于同温下管式炉热解实验的气体转化率及产气热值，气体产物经过水洗并没有焦油的产生。最后，论文对实验进行系统能量平衡计算，得出加入水平气化剂（水蒸气）的等离子气化反应的能量利用率达46%，高于无水蒸气加入的稻壳等离子体热解的能量利用率的38%。

共处置技术在西方发达国家已有30多年的运行经验。我国目前主要是将大宗工业固废和城市有机固废代替原料和燃料，即废物的水泥原料化和燃料化（周继豪，2017）。水泥窑协同处置废弃物是借助现代水泥生产工艺中高温焚烧及水泥熟料矿化高温烧结过程实现有毒废弃物降解、稳定化的一种手段，日本等发达国家水泥企业主要利用废橡胶制品、废轮胎、废木料、废塑料、废溶剂、废油、污泥等作为替代燃料，以废弃物焚烧灰作为主要原料（李晓静，2015）。

1.4 洱海北部流域环境现状

1.4.1 概况

洱海位于大理白族自治州境内，地跨大理市和洱源县，是云南省第二大高原淡水湖泊。洱海属澜沧江-湄公河水系，湖面积 251km^2，湖容量 27.4 亿立方米，南北长 42.5km，岛屿面积 0.748km^2，最大水深 21.3m，平均水深 10.6m。洱海孕育了大理近四千年的发展历史，它既是大理市主要饮用水源地，又是苍山洱海国家级自然保护区和国家级风景名胜区的核心地带，具有调节气候、保护水生生物多样性，为区域内工业、农业、牧业、渔业的生产和发展提供水源保障等多种功能，是整个流域乃至大理州社会经济可持续发展的基础，被称为大理人民的“母亲湖”。

洱海流域包括大理市和洱源县，流域面积2565km^2，流域人口为80.67 万人，其中农业人口为58.06 万人，非农业人口 22.61 万人，国民生产总值为 10168155 万元，其中工业产值为 9915650 万元、农业产值 252505 万元。

洱海来水主要为降水和融雪，入湖河流有弥苴河、永安江、波罗江、罗时江、凤羽河及苍山十八溪等大小河溪共 117 条，流域内有洱海、茈碧湖、海西海、西湖等湖泊水库。洱海湖滨区年平均地表径流量 15 亿立方米。洱海的入湖河流中，弥苴河为最大河流，汇水面积 1389km^2，多年平均来水量为 5.1 亿立方米，占洱海入湖总径流量的 57.1%；西部汇有苍山十八溪水，南纳波罗江，东有海潮河、凤尾阱、玉龙河等小溪水汇入。天然出湖河流仅有西洱河。

在洱海流域中，大理市主要以旅游业和工业为主，洱源县主要以农业为主，其中洱海 70%的水来自洱源境内。人口密度为 311 人/km^2，流域耕地面积 41.88 万亩。

（1）洱海是初期富营养化湖泊。近年来，随着流域人口增加和经济快速发展，洱海水质日益下降，逐步由贫营养化过渡到中营养化，目前正处于中营养向富营养湖泊的过渡阶段，水质已由 20 世纪 90 年代的Ⅱ到Ⅲ类发展到现在的Ⅲ到Ⅳ类。从各项水质指标来看，洱海富营养化问题已经日益凸显。可以说，洱海是我国初期富营养化湖泊的典型代表。

（2）氮、磷是洱海首要污染物。根据当地有关部门的监测结果，洱海 2008 年为Ⅲ类水质。以 2005 年为例，洱海总磷（TP）含量 0.027mg/L，总氮（TN）含量 0.54mg/L，水质透明度（SD）为 1.9m 左右，高锰酸盐指数为 3.45mg/L。

各项水质污染指标中以总磷、总氮污染最为严重。

（3）洱海北部面源区污染更为严重。洱海水质总体分布的特点是中部好于南部，南部好于北部（图 1-10）。近二十年来，Ⅲ类水分布的面积不断增加，而Ⅱ类水分布的面积在缩小。目前，仅洱海中部为Ⅱ类水状态，南部和北部均处于Ⅲ类水状态。

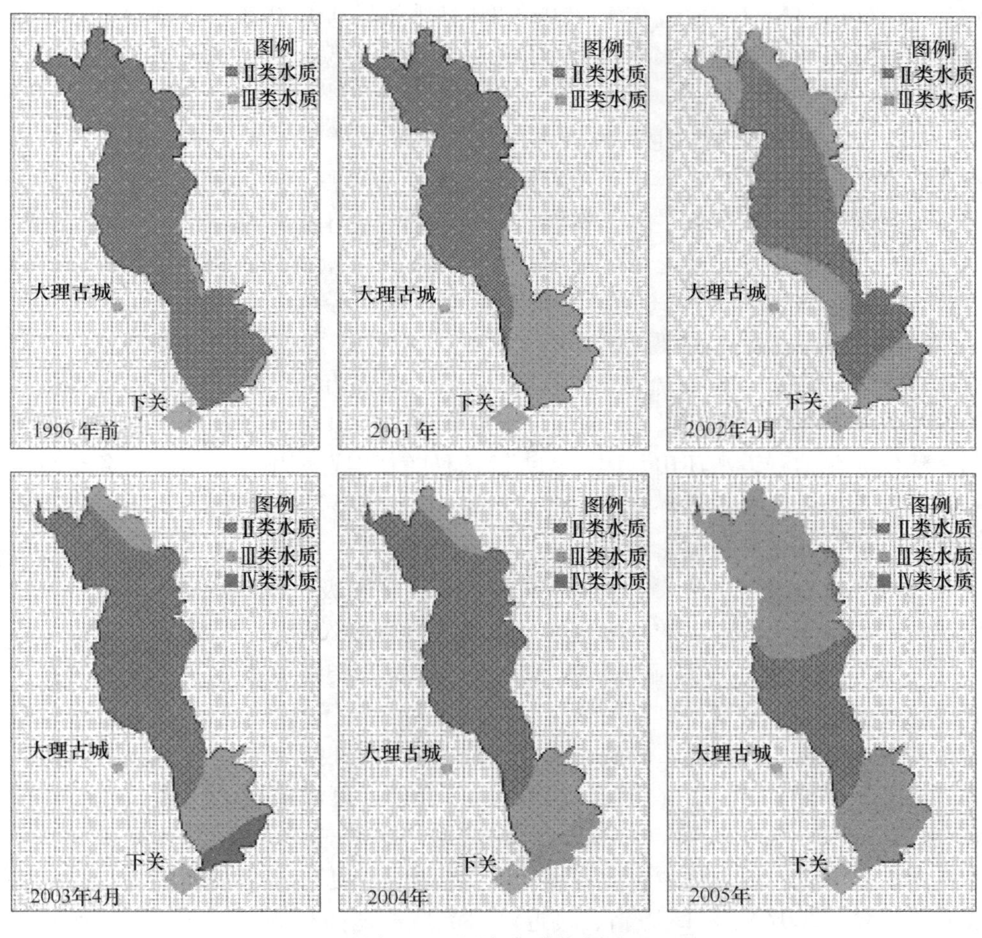

图 1-10 洱海水质分布图

1.4.2 存在主要问题及原因分析

农村与农田面源污染是洱海富营养化的重要原因。洱海流域农村与农田面源污染物主要来源于农田、农村固体废物（包括人畜粪便、农村垃圾等）、农村污水和水土流失等四个方面。根据相关部门的监测数据和资料分析，洱海流域农村与农田面源氮、磷污染负荷占洱海入湖污染负荷总量的 70%以上。

（1）农村污水未经处理、无序排放。洱海流域内生活污水具有排放分散、间歇、无规律、无组织的特征，农灌水通过村庄时，其生活污水、养殖废水、农灌水、雨水以及沼气池废水合流排放，雨季污染水体极为严重，污水量、污染物浓度变化大。生活污水产生量一般在30~150L/(人·d)，主要污染物浓度分别为TN：5~250mg/L，TP：0.1~150mg/L，COD：50~950mg/L；人均COD日排放量25~60g，TN日排放量0.3~1.0g，TP日排放量0.1~0.7g。绝大部分村落没有污水收集系统，生活污水直接无序排放。因此，为保护洱海水环境，必须加大农村生活污水处理力度。

（2）农村人畜粪便、生活垃圾无序堆置、流失严重。近年来，洱海流域养殖业发展十分迅速，已经成为当地农民的重要经济来源。洱海流域奶牛、生猪养殖方式以农户家庭圈养为主，人畜混居现象普遍。由于畜禽粪便产生与农田利用时间的相互错位，加之缺乏处理利用技术和设施，大量畜禽粪便在房前屋后随意堆置，在雨季（6~10月）非施肥季节很容易随暴雨径流进入河流造成污染。

大蒜是洱海流域的主要经济作物，长期以来形成了以大蒜-水稻为主的水旱轮作模式。2007年，洱海流域大蒜秸秆产量达20多万吨，由于大蒜秸秆中的大蒜素具有抑菌作用，难以作饲料或沼气发酵利用；加之大蒜收获后立即种植水稻，致使大蒜秸秆无法还田。因此，大蒜秸秆随意堆置、抛弃、焚烧现象十分普遍，对村落、大气及水体环境造成严重污染，而且极易滋生蚊蝇，影响村落卫生状况，给旅游业带来负面影响。

农村生活垃圾产生量大。长期以来，农村生活垃圾存在随意排放、就近投放的现象，很多农民将产生的垃圾直接堆放河边或直接入河入湖，对水体造成了极大的污染。2007年，洱海流域开始推广农户交费、袋装收集、及时清运的新型农村垃圾清运模式并取得良好的效果，但在收费方式、收集运输线路和处理设备的布局上还存在一些问题，导致垃圾收集成本较高，收集率低。

（3）种植结构单一，农田施肥、灌溉不合理。洱海流域种植模式主要有大蒜-水稻、大蒜-玉米、蔬菜-水稻、蔬菜-蔬菜、蚕豆-玉米、蚕豆-水稻等。其中小春作物以大蒜、蚕豆为主；大春作物以水稻为主。近年来洱海流域大蒜种植发展非常强劲，2007年达15万亩，接近洱海流域耕地面积的三分之一。坝区农田种植结构日趋单一，不仅破坏了农田生物多样性，削弱了农田自身抗御病虫灾害的能力，增加了农田氮、磷污染负荷，加剧了环境风险，而且农业增收也极易受到市场波动影响。例如2005年、2006年大蒜销售价尚可维持在3~4元/kg，而2007年、2008年受到国内外市场影响，大蒜销售价仅在1元/kg，严重降低了农民收入，影响了农村社会经济可持续发展。

调查表明，洱海流域过量施肥现象普遍，大蒜N、P_2O_5施用量分别达42.6kg/亩和20.4kg/亩（表1-7），相当于正常用量的3.3倍和2.3倍。由于未能适时、适量、按比例施肥，氮肥利用率平均仅占 20%~30%，磷肥仅为 10%~20%，氮、磷流失现象十分严重。

表 1-7 流域主要作物施肥情况表

作物	N/kg · 亩$^{-1}$	P_2O_5/kg · 亩$^{-1}$	K_2O/kg · 亩$^{-1}$
大蒜	42.6	20.4	25
玉米	23.4	4	2.5
水稻	9.2	2.7	7.5
蚕豆	3.22	5.4	7.5

洱海流域农田大水漫灌现象普遍，水肥管理不配套，特别是在水旱过渡期和水稻生长期，串水串肥现象严重，人为排水普遍，加之田埂过低，暴雨径流带走大量氮、磷养分，成为农田养分流失的关键时期。

目前，洱海流域农田土壤中存在的主要问题是 C/N 比明显下降，一般在 10∶1 以下，土壤碳氮比例失调问题十分突出。C/N 比例过低，是土壤质量下降的重要表现之一，也是不利于作物生长的逆境生态因子。C/N 比下降会造成土壤 C、N 养分失衡；土壤微生物活性下降，微生物区系组成发生改变，有益微生物种群减少、不利微生物种群上升为优势种群，影响土壤物质循环和作物生长；土壤酸化；C/N 比低的有机物易于矿化释放出活性 N，造成土壤矿质态氮的累积与氨挥发、硝化反硝化损失和硝态氮流失，给大气、地下水和地表水源带来污染威胁；C/N 比过低也不利于土壤有机质的增加和肥力的提高。

（4）农田沟渠生态功能退化。沟渠系统是农田非点源排放和受纳水体（湖泊、江河）的过渡带，对于农田径流是汇，而对于受纳水体则是源。在平原地带排水沟渠中常年保持一定水位，生长有当地的水生植物和藻类，在降雨期间和农田灌溉时起排水作用，在其他时间水体处于静止状态和缓慢流状态，从而为水生植物的生长繁衍创造了环境。

从布局和结构上，现有沟渠布局不合理，粗放单一，缺乏区域内整体系统的网络化研究与应用，缺乏对农田与沟渠间的水平衡系统分析，对于沟渠中影响系统水平衡的主要生物的生态组合与优化配置研究不足。

从功能上，现有沟渠主要用于农田排灌水的输配，如：汇水、排水、持水、泄洪和水流通道等，而忽略了沟渠的水质净化作用和对农田水文环境的影响，流域内进入农田的水都要通过沟渠，沟渠本身既是输送渠道也是净化渠道。

从运行机理上，对沟渠用于排水灌溉的功能强调的比较多，对于氮、磷的输入、截留和去除效果等也有相关报道，但是对于氮、磷在沟渠传输过程中的功能角色以及影响传输过程的间接因素，如水生植物、藻类、水流流速、沟渠布局、延伸距离、沟渠跨度、沟渠深度、瞬时通量、累计流量、接触表面积等参数的合理化研究不足；也缺乏对水位调控、水流导向、功能拓展的合理设计，缺乏生态沟渠内生物多样性对流域水文环境影响的深入研究。

洱海流域坝区农田产业基地（大蒜、水稻基地）面积约42万亩，长期以来，农业生产存在施肥过多的问题，每公顷耕地氮和磷的盈余分别为711kg/a和66kg/a，最高达1050kg/a和123kg/a，造成氮、磷随农田径流流失严重。据2003年监测，农田径流中TN、TP和SS含量分别为7.9mg/L、0.45mg/L和30～50mg/L，且暴雨初期农田径流中TN的浓度可高达20～40mg/L，约有9840万立方米农田径流通过江河进入洱海，携带氮污染物776t，磷污染物48.8t。这种量大面广、高氮、磷的农田径流，对洱海水质造成直接而巨大的污染。为减少洱海的外源污染物负荷量，流域内农田径流中的氮、磷污染负荷必须得到有效削减。洱海流域目前少有农田径流处理设施，农田径流均自排入河道，依靠河道的自净能力来降解水中的污染物，但仅依靠自然因素来维持水环境与洱海流域的生态，已与社会和经济发展越来越不相适应，区内水环境质量日趋恶化，严重影响着流域内的生活质量和生存环境。

（5）坡耕地顺坡种植普遍、耕作频繁、水土流失严重。水土流失也是洱海富营养化的一个重要原因。洱海流域土壤侵蚀面积达933.8平方公里，占流域面积的36.4%，泥沙流失量达16.43万吨/年，氮、磷流失量分别为422.38t/a和121.62t/a。尤其是坡耕地在人为活动干扰下大量的氮、磷随着流失的水土进入洱海，造成洱海泥沙淤积，蓄水能力下降，加速了洱海富营养化进程。

在云南低纬度高海拔山地地貌和干湿季节分明的亚热带季风气候条件下，采用工程措施梯化坡耕地防治水土流失虽然可以收到立竿见影的效果，但是投资大，进展慢，对土层扰动大，而且，雨季地埂容易塌陷，复原为坡地。

根据调研，发现目前洱海流域70%的坡耕地主要是种植玉米、土豆和经济林木。除经济林木外，玉米和土豆基本上采用顺坡种植，播种前的耕作强度大、对土壤扰动剧烈，农作物生长期管理粗放，基本上没有抗旱设施，短暂的缺水即形成干旱。

大量研究资料表明，在水土流失发生过程中，由于旱季氮磷养分在土壤中大量富集，每年前三场暴雨以及每次降雨的最初阶段，地表径流中所含的氮、磷等污染物浓度最高，污染风险最大。因此，在坡地水土流失防治中，初期雨水径流的拦截、蓄集与处理有着十分重要的意义。

1.4.3　面源污染控制的紧迫性

（1）洱海水污染已经直接威胁到流域社会经济的可持续发展。洱海是大理人民的“母亲湖”，是大理市饮用水的主要来源，具有调节气候、保护水生生物多样性，为区域内工业、农业、牧业、渔业的生产和发展提供水源保障等多种功能，是整个流域乃至大理州社会经济可持续发展的基础，是大理各民族人民赖以生存的重要资源。

近二十多年来，随着流域人口增加和经济快速发展，人类对自然资源的开发不断加剧，流域生态环境逐渐恶化，洱海水质日益下降，逐步由贫营养化过渡到中营养化，目前，正处于中营养向富营养化湖泊的过渡阶段，水质已由20世纪90年代的Ⅱ到Ⅲ类发展到2008年的Ⅲ类水临界状态。洱海总磷含量虽然已经得到一定控制（全湖水体总磷含量从2002年的0.035mg/L降至2006年的0.025mg/L），但依然是洱海水质污染中最为严重的指标；总氮含量上升趋势仍十分明显，从2002年的0.41mg/L上升至2006年的0.68mg/L。这说明近几年来洱海流域经济发展，人口增加给洱海水质带来的威胁有增无减。特别是2003年，洱海历史上首次出现了Ⅴ类水质区域，7~10月全湖总磷平均含量高达0.045~0.055mg/L，总氮高达0.92~1.18mg/L；水华爆发，水体透明度由6月的1.67m下降到0.88m，沉水植物分布下限由原来的10m水深退缩到4m水深，10米以内深水区的沉水植物大面积死亡，宣告了洱海重富营养化时期的到来。

作为整个大理州及其下游地区的主要生产、生活水源，洱海是整个大理州社会经济的可持续发展的根本，是当地各族人民赖以生存的基础。“洱海清，则大理兴”。随着水污染的日益加重，水质恶化，水华频发，洱海的饮用水源地功能受到严重威胁。1996年9月爆发的“水华”就使水厂取水口堵塞，自来水出水恶臭，严重影响对大理州的供水。近五年来洱海水质由原来的Ⅱ类为主突降为以Ⅲ类为主，部分季节与区域甚至出现Ⅳ类，尤其是夏季蓝藻水华的爆发，及有毒的铜绿微囊藻的出现，使洱海水源的安全性受到威胁。洱海水质的恶化所引起的水质性缺水，已经对大理州社会经济的可持续发展产生了重大影响，切实有效地控制洱海污染已经刻不容缓。

（2）现阶段是洱海富营养化防治的关键时期。目前，洱海外源污染负荷接近但未达到湖泊耐受的阈值，有一定的内负荷但较低，生态虽受破坏但仍残存，在外源负荷撤除情况下，生态尚有一定的恢复力。富营养化初期湖泊处于营养状态可逆的状态和敏感的转型期，通常具有主要污染物来源明确、主要原因清楚、进入富营养化状态时期短、湖泊水华现象限于局部湖区、浮游植物生物量增加明显但内负荷较低等特点，湖泊仍有一定的生态恢复力。因此，现阶段已经成为洱海水污染防治工作的关键时期，错过机会，将给洱海水污染防治带来无法弥补的损失。

（3）农村与农田面源污染防治是解决洱海富营养化的关键。大理市90%的企业位于下关，由于在下关城区实施了截污工程，工业废水和下关城区的生活污水已逐步得到控制，不再是洱海的主要污染源，而农村与农田面源污染却日益严重，目前已经成为洱海氮、磷污染的首要污染源，是洱海富营养化的根本原因。据有关部门估算，洱海流域农村与农田面源污染约占入湖污染总负荷的70%~80%。然而，农村与农田面源污染存在随机性、潜在性、广泛性、复杂性和滞后性的特点，并且一直以来没有给予应有重视，也未能采取针对性措施，这是造成洱海流域水污染长期难以根治的一个主要原因。因此，控制农业与农业面源污染对于改善洱海水质、遏制富营养化进一步发展，具有举足轻重的作用。

1.4.4　流域农村固体废物管理特点

农村固体废物管理工作是建设社会主义新农村、构建和谐社会的重要组成部分，已成为农村经济社会可持续发展的制约因素。居民的思想意识不足，在农村垃圾管理清运上参与程度不够。党的十七大报告明确提出，要建设生态文明，统筹城乡发展，推进社会主义新农村建设。要建设生态文明，推进社会主义新农村建设，就必须重视农村环境保护。洱海北部流域农村环境的现状与建设社会主义新农村、构建和谐社会的要求还不相适应，新农村建设中的“村容整洁”必须从农村固体废物的处理处置入手，洱海保护治理工作也要求从农村垃圾管理入手，助力“生态立县、农业稳县、工业富县、旅游活县、和谐兴县”的发展思路，把洱源建设成为全省乃至全国的生态文明示范县。

（1）当地居民对参与农村固体废物管理工作的意识不强，参与程度不够。农民是新农村建设的主力军，农民的环境意识和素质是农村垃圾管理的根本和关键。

（2）政府在农村固体废物处理处置方面的投入不足是农村固废管理全面走向规范化的瓶颈。经费是农村固体废物管理能否正常运转的生命线，经费的合理安排才能保障固废管理工作有序进行。截至2007年底较大的垃圾填埋场为军马场垃圾填埋场，该填埋场的运行设备及管理亟待加强，临时堆放场垃圾频频告急。

（3）农村固体废物缺乏规范的管理。畜禽粪便的无序堆放、作物秸秆的随意焚烧、生活垃圾的随地倾倒，缺乏规范的管理规章和制度。因地制宜制定农村固体废物管理办法，促进洱海流域农村垃圾管理走上规范化道路。

1.5　研究目的和内容

当前洱海流域固体废物（养殖废物、生活垃圾等）污染及污染控制技术呈现以下特点：

（1）对流域污染负荷贡献大、利用途径单一、综合利用率低；

（2）现有户用沼气及中型沼气工程产气率低、产气不稳定，尤其中型沼气工程运行成本太高；

（3）有机废物难以实施有效的有控收集，还田过程流失量大、肥效没能充分发挥。

尽管农村固体废物的堆肥化工程、农村固体废物的沼气发酵工程以及基质化利用工程等农村固体废物处理与处置工程在一些地区陆续建成，但这些工程大多由于处理方法单一、核心技术问题未解决、管理机制不健全等原因而实施效果不理想。对洱源农村与农业面源污染控制技术、工程及管理已形成了较为丰富的成果，但目前洱海富营养化趋势还没有得到根本遏制，农村固体废物循环利用率还很低，综合利用工程运转出现诸多问题，比如中型沼气工程发酵工程产气率低、产气质量不好、运行成本高；户用沼气运行一年后不产沼或产气质量低；大量产生的养殖废物仍然无序排放，大量 N、P 流失进入水体，回用肥效差。根据洱海流域种养特征及当前流域农村固体废物资源化利用及污染控制工程存在的问题及不足，改进现有资源化工程技术，完善农村固体废物循环利用体系，有效控制农村与农业面源污染需以下关键技术支撑：（1）户用沼气池连续稳定运行控制技术；（2）牛粪为主要原料的中温沼气发酵产气质量提高技术；（3）作物秸秆资源化利用技术；（4）废物收运、再生资源分配及运行调控技术。

本着循环利用、零污染、可操作性及低成本的原则，提出“多途径梯级循环利用、多途径协调互补、集中规模循环与分散农户循环并存、工程措施与管理策略并重”的思路，在准确核算农村固体废物产生量以及农村能源、有机肥与基质利用需求的基础上，结合相关依托工程构建农村固体废物沼气化、堆肥化、基质化等多元化利用技术体系。

1.5.1 研究目的

针对面源污染中农村固体废物造成洱海氮、磷富营养化日益加剧的问题，本研究遵循“减量化、无害化、资源化”理念，坚持废物循环利用的原则，围绕农村固体废物污染的来源、处理处置方式、环境污染，以“控源、拦截、减排、净化”为总体指导思想，依托项目，重点研究农村固体废物对水体和大气环境的影响并构建资源化利用关键技术体系框架，创新、集成易于推广、经济实用的农村固体废物资源化成套技术体系与规范，探索建立农村固体废物资源化工程政策保障和运行管理机制，有力提升洱海流域农村与农田面源防治的整体科技水平。

通过技术集成与园区性示范，全面削减农村固体废物氮、磷污染负荷，为有效遏制洱海富营养化趋势、改善洱海水质，促进农村经济可持续发展，为我国富营养化初期湖泊面源固体废物污染防治提供借鉴模式与科技支撑。

1.5.2　研究内容

在本研究所关注的有机固体废物是狭义的农村固体废物，其不包括农用塑料残膜等不可资源化的非直接或间接来源于生物体本身的废弃物。本研究定义的农村有机固废也可称为“农村生物质固废”。按照其来源，本研究将其分为种植模块废弃物（作物秸秆、枯枝落叶等）、养殖业废弃物（畜禽粪便等）、农副产品加工业有机废料（农畜产品加工废弃物、发酵酿造行业尾料等）和人类生活废弃物（农村生活垃圾、人粪尿等）四类（胡华锋等，2009）。

本着循环利用、零污染、可操作性及低成本的原则，提出“多途径梯级循环利用、多途径协调互补、集中规模循环与分散农户循环并存、工程措施与管理策略并重”的思路，在准确核算农村固体废物产生量以及农村能源、有机肥与基质利用量的基础上，依托项目构建农村固体废物沼气化、堆肥化、基质化等多元化利用技术集成体系。

本研究的主要内容包括：

（1）研究区域源强数据研究。数据获取方法主要有问卷调查、部门统计数据收集和实验室测定，调研研究区域内现有污染处理设施的相关指标参数，在调研数据的基础上进行农村固体废物宏观产生量、利用量及产利用平衡研究，初步得出固体废物的宏观污染现状。

（2）构建洱海流域农村固体废物元素流分析模型。以氮、磷为主线，在背景参数的基础上构建洱海流域农村固体废物的元素流分析模型。该模型通过跟踪氮、磷元素在农村居民生产消费全过程（作物收获—畜禽养殖—农产品加工—居民消费）中的迁移转化量，分析农村居民生产消费过程的元素流情况、农村固体废物元素流情况和系统内各节点污染元素排放情况。

（3）农村固体废物资源化技术中试研究及工程优选。对研究区域内现有工程技术进行改进、设计新技术，并提出保障工程长效稳定运行的管理机制。利用模型模拟预测在达到收集处理效率80%目标的前提下，各项工程技术的实施对洱海北部流域有机固体废物污染的减排效果。同时，综合分析经济成本、污染减排、社会可行性等因素，利用权重计分排序法、专家打分法对提出的工程技术进行优选论证，最后提出适于大规模推广应用的工程技术和适量建设的工程技术。

（4）示范工程减污效果及模型准确性检验。在洱海北部流域划定示范区范围，对论文中所提的集中收集、堆肥化、沼气化及基质化技术进行工程示范，根据居民意愿对研究区域内的养殖模式、废物收运模式进行调整，探索集中养殖运行管理机制。探索确立农村固体废物沼气化、肥料化和基质化利用的运营管理机制，建立农村固体废物收运与农民收益相结合的农村固体废物循环利用社会化服务体系。构建资源化循环利用技术体系框架，创新、集成易于推广、经济实用的农村固体废物资源化循环利用示范模式。最终，工程实施后示范区污染减排效果与模型模拟结果进行拟合，以验证模型的准确性。

1.6 研究方法及技术路线

1.6.1 主要研究方法

本研究数据获取主要通过文献查阅、相关部门资料收集、实地入户调查和实验室分析测试四种方式。

利用流域和项目辐射区野外调研分析结果，在采集分析洱源县种植模块、畜禽养殖以及农村消费资料的基础上，了解洱源县主要农作物从种植模块到养殖业再到农村消费的整个食物链过程及有机固体废物产生利用情况，研究比较目前种植模块、养殖业以及农村消费全过程有机固体废物产生量和排放量的主要估算方法；建立区域尺度污染排放特征的量化表征。

根据查阅文献、现场调研、实验室数据分析和软件处理所得的所有背景数据，核算出各种动、植物产品、副产品产生量以及通过消费过程的各个环节所产生的废弃物的量，以 N、P 元素流为主线，建立一个静态的洱海北部流域洱源县有机废物环境影响分析模型，以评价当年由系统内外排向环境中的 N、P 总量对环境所造成的影响。

根据模型计算结果，改进原有技术工艺并设计新技术进行中试实验，并进行污染物连续监测以核算减排效果，最后运用权重总和计分排序法从环境、经济、社会效益等方面优选工程技术，并提出保障工程长效稳定运行的管理模式。

对示范工程建设后运行效果进行跟踪监测，并对比示范工程的运行效果与模型模拟结果之间的拟合度，对模型的准确性进行验证。

1.6.2 整体技术路线

整体技术路线，见图 1-11。

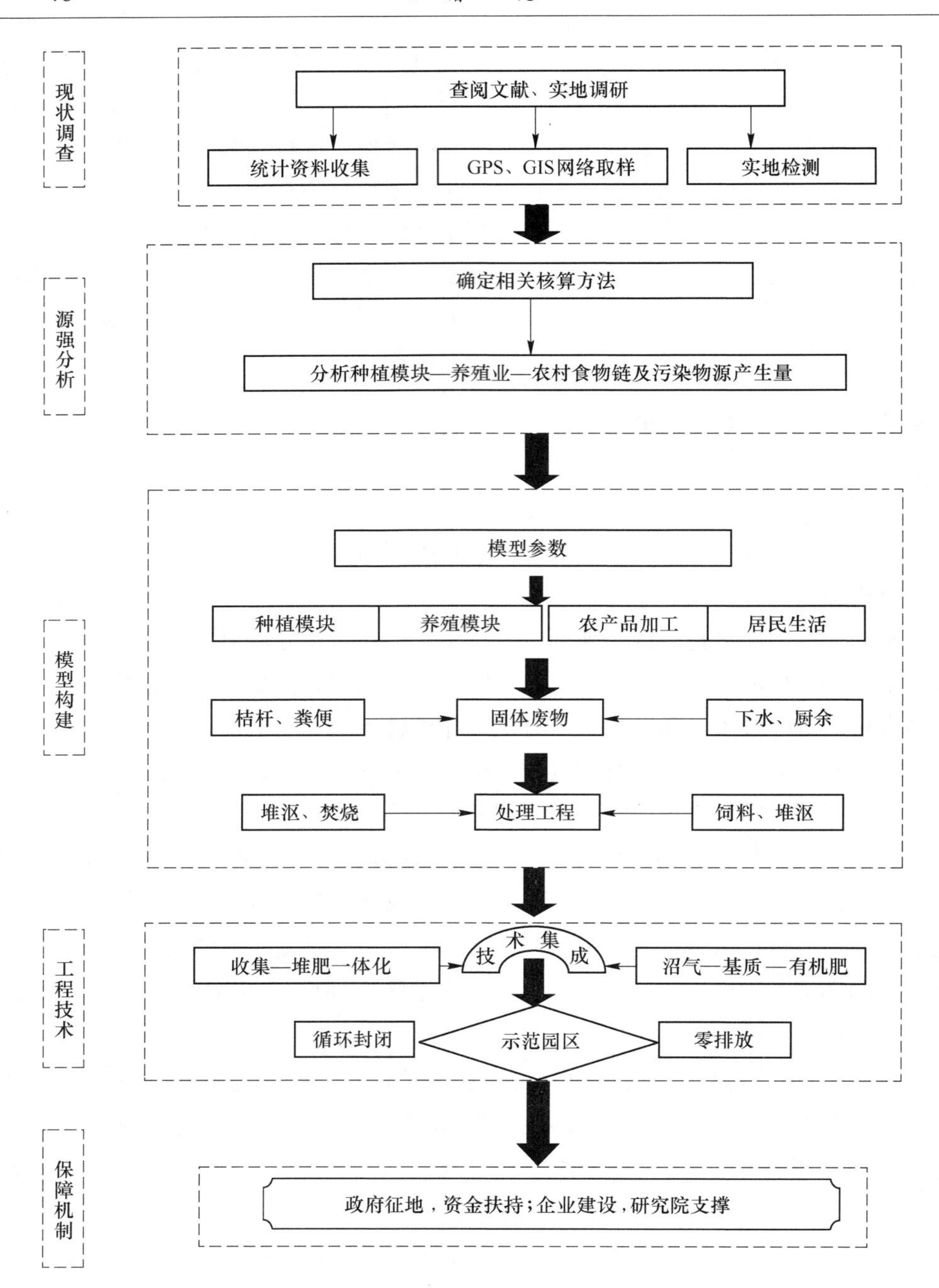

图 1-11　整体技术路线图

2 洱海北部流域污染源调查

本书依托国家“十一五”重大水专项洱海项目，项目于2008年启动实施，因此所有调查、实验数据以2008年为准。

基于实地调查获得的种植、畜禽养殖、农村生活数据是获得第一手材料的最基本、最可靠的途径（武淑霞，2005）。调查的目的主要在于获得经济社会基础数据和环境污染因子的排污系数。意义在于能够更全面地了解种植结构、作物种类及产量，畜禽养殖状况，如畜禽种类、规模、养殖方式、粪污去向等，还能够了解畜禽散养废物的空间分布，这些资料是统计数据所无法代替的。另外，根据实地调查的经验，可以有效分辨收集到的调查表存在的差异，对已有畜禽养殖和农村生活的排污系数进行校正。因此对研究区域的实地调查是开展整个研究的重要基础和关键支撑。

本书涉及的研究范围主要包括洱海北部流域内的七乡镇，主要是洱源县邓川镇、右所镇、茈碧湖镇、三营镇、凤羽镇和大理市的上关镇。为了确定不同区域、不同种植、不同养殖类型等因素和排放参数，需对洱海流域畜禽养殖和农村生活进行实地调查。2008年9月至2010年8月期间，本课题对研究区域共进行了4次大规模的北部全流域现状调研，调研方法主要是随机抽样调查、相关部门统计数据收集和实验研究。通过对研究区域的实地调查，充分了解并记录了洱海北部流域农作物种植类型、种植作物结构、施肥量、畜禽养殖结构及畜禽粪便的处理处置方式、农产品加工行业基本情况及排污情况、农村居民家庭生活的粪便及厨余垃圾的利用方式等，对洱海北部流域的面源污染基本情况进行全面的分析。调查范围为洱海北部流域七乡镇共78个行政村，共发放问卷2000份，收回有效问卷1885份，有效率达94.25%。

经过大量的实地调研，利用arcGIS平台对数据进行处理，得到了洱海北部流域内居民点分布如图2-1所示。研究范围为图中所示的黑色线条范围内区域。北部流域七乡镇常住人口250532人，耕地总面积215278亩，居民主要经济来源为奶牛养殖和大蒜种植。由图2-1可见，居民点沿流域两岸密集分布，远离流域的地方则人口稀疏。

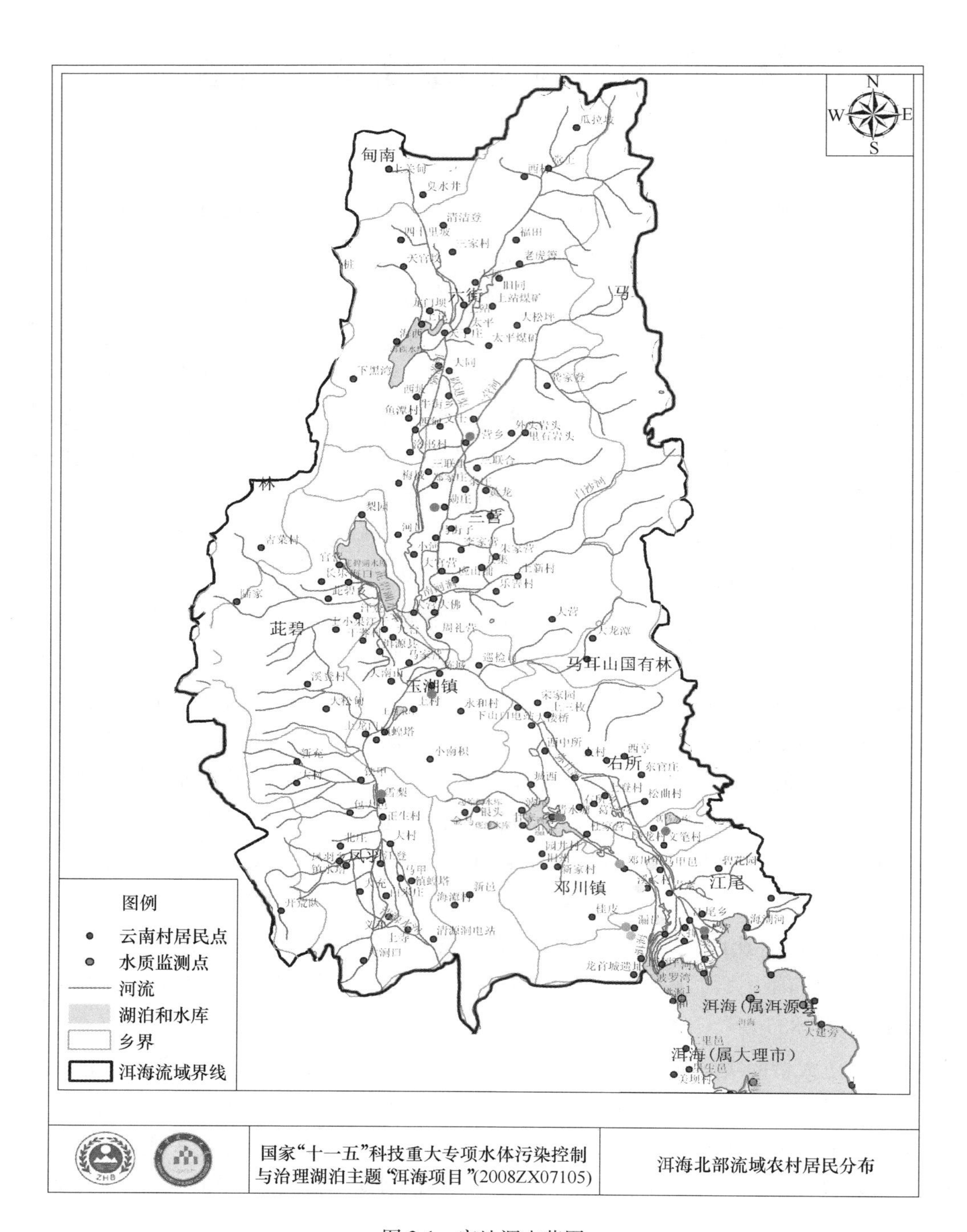
N
W
E
S
甸南
六街
马耳山国有林
茈碧
二营
玉湖镇
右所
邓川镇
江尾
凤羽
洱海（属洱源县）
洱海（属大理市）
图例
云南村居民点
水质监测点
河流
湖泊和水库
乡界
洱海流域界线
国家“十一五”科技重大专项水体污染控制
与治理湖泊主题“洱海项目”(2008ZX07105)
洱海北部流域农村居民分布

图 2-1　实地调查范围

2.1 流域基本情况问卷调查

2.1.1 常住人口及收入情况

洱海北部流域包括大理市的上关镇和洱源县的茈碧湖镇、三营镇、右所镇、凤羽镇、牛街镇、邓川镇等七个乡镇。此次调查共涉及总户籍人数为8572人，其中户籍常住人口为7942人。流域内年人均纯收入为5017.11元，其中低收入水平户共605户（人均年纯收入≤3500元），占调查总户数的30.2%，中收入水平共559户（3500元<人均年纯收入<4500元），占调查总户数的27.98%，高收入水平户共835户（4500元≤人均年纯收入），占调查总户数的41.79%。流域内居民经济水平普遍较低，调查农户中年收入最高8856元，与国家新农村建设目标中的人均收入还存在一定的差距。

2.1.2 农村生活用水情况

洱海流域农村生活用水来源相对稳定，在1885个调查户中，来源为自来水的有1493户，占调查量的79.18%，来源为地下水的有385户，占调查量的20.44%，其他来源（山泉、溪水）7户，占0.38%。流域内自来水均引自苍山溪水，由乡镇自筹建设管道，由于苍山溪水被这些村落截留从而使得洱海的自然进水量大幅减少。调查所涉及的用户平均用水量为0.27t/d，用水量最高为3.5t/d、最低0.04t/d。调查范围内的用户中，无污水收集处理系统的有1720户，占被调查用户总量的91.25%，有污水收集处理系统的用户共161户，占调查总户数的8.54%。因此，洱海流域大部分乡镇没有污水收集处理系统，生活污水直排进入流域水系，最终将进入洱海增加洱海入湖污染负荷。

2.1.3 农村厕所类型及人粪尿去向

本研究调查内容还涉及农村地区的厕所类型及人类粪便的去向问题。根据调查结果统计，在所有调查户中，洱海北部七乡镇中共有水冲厕所33个，占调查总数的3.11%，卫生旱厕376个，占调查总数的35.47%；简易厕所593个，占调查总数的55.94%；无厕所的58户，占调查总数的5.47%。卫生旱厕是指有砖砌围墙、水泥防护面的旱厕，而简易厕所则指简易围挡、简易构造的旱厕。根据调查结果可知，经济不发达，居民环境卫生意识薄弱，导致洱海流域内农村人粪尿的处置方式以简易厕所和卫生旱厕为主，条件较差。

2.1.4 生活污水及厨余垃圾利用情况

对洱海流域农村生活污水及厨余垃圾的处理及再利用情况进行调查发现，

家庭污水处理利用比例非常低，只有个别农户主动利用生活污水如洗菜水浇灌田地。但是相对于生活污水，厨余垃圾的利用量则非常高，从调查数据的统计分析结果可知，被调查的农户中厨余垃圾用于饲养牲畜的有1881户，占调查总数的99.79%；而对生活污水进行处理的农户仅有46户，占调查总数的2.45%，对生活污水进行再利用的户数有213户，占调查总数的11.33%，其余为污水直接排放的农户。厨余垃圾利用量高，分析其原因主要是流域内养殖数量巨大，牲畜饲养需要大量的食物，厨余垃圾营养成分含量较高，适于饲养牲畜。

2.1.5　流域内畜禽养殖及废物处理情况

在1885份有效问卷中，针对养殖情况的调查，有1786户农户养殖家禽、牲畜，占调查总数的94.7%。家禽、牲畜的养殖以生猪和奶牛为主，养殖区域集中于右所镇、邓川镇和茈碧湖镇。在所有调查户中，生猪养殖户有914户，奶牛养殖户1114户，肉牛养殖户79户，蛋鸡养殖户293户，其余23户。本研究在调查过程中对农户养殖畜禽的目的也进行了了解，结果显示，1786户养殖畜禽农户中，以商品养殖为目的的有1600家，占被调查养殖户总量的89.59%，养殖目的是产品自用的有183户，占10.24%，计划用作种畜禽的3户，占0.17%。因此洱海流域内畜禽养殖以商品养殖为主要目的，在耕地逐渐减少的现状下，养殖畜禽是农村住户的主要经济来源。

针对养殖废物处理处置情况的调查，在1786户养殖户中，有1774家填写了畜禽养殖的主要清粪方式，其中以稻草垫圈为主，垫圈方式有1385户，以干清粪方式处理有345户，水冲圈37户，其余（无固定放养场所）7户。

根据调查统计结果，被调查养殖户的污水日产生量达146.43t，平均每户日产养殖污水0.0828t。在养殖污水的处理处置方面，未经处理直排进入流域水系的有1683户，占被调查养殖户总量的94.23%，对养殖污水进行处理利用的仅有103户（占5.77%，主要处理方式包括回用灌溉、产沼气、家庭污水处理系统），利用量远小于产生量。畜禽养殖粪便的处理，有96.03%的养殖户将畜禽粪进行简易收集后还田或者资源化利用（洱海地区的主要利用方式有直接还田、沼气发酵、简易堆肥），有3.97%的养殖户对畜禽粪进行堆弃处置。仅从本研究的问卷调查数据可看出，流域内养殖废水的处理利用效率很低，且大部分采取直排的方式进入流域水系，而畜禽粪的回用率很高，由此可以推断养殖业的主要面源污染来自养殖废水。

2.1.6　流域内农田类型及农村种植情况

洱海流域农业分两季种植，大春作物主要有水稻、玉米、烤烟等；小春作物包括蚕豆、大麦、小麦等；流域蔬菜种植主要以大蒜为主，油料作物种植以油菜为主；其余种植少量的农作物主要有马铃薯、白菜、大葱、胡萝卜等。作物的施肥是以人粪尿和畜禽粪便为主的有机肥。

2.1.7　洱海北部水系水质现状

洱海北部流域有三大水系：弥苴河、永安江和罗时江，水量占洱海全年入湖负荷的70%以上。因此这三条水系流域的环境状况对洱海的入湖污染负荷起到了关键的作用。

弥苴河是洱海入湖河流中的最大河流，汇水面积1389km²，多年平均来水量为5.1亿立方米，占洱海入湖总径流量的57.1%，每年由该河携带入湖的污染负荷也占洱海总负荷的一半左右，是洱海最大的入湖污染源，且弥苴河地处洱海上游，因此水质的好坏直接关系着洱海水质的安全与水体富营养化的发展进程。近年来由于流域经济发展迅速，弥苴河水质长年处于Ⅲ~Ⅳ类标准，氮、磷与有机污染物严重。

由图2-2可以看出，在监测的11个月里面，一个月为Ⅱ类，三个月为Ⅲ类，五个月为Ⅳ类，两个月为Ⅴ类，弥苴河监测结果显示主要污染指标为TN、TP、高锰酸盐指数。

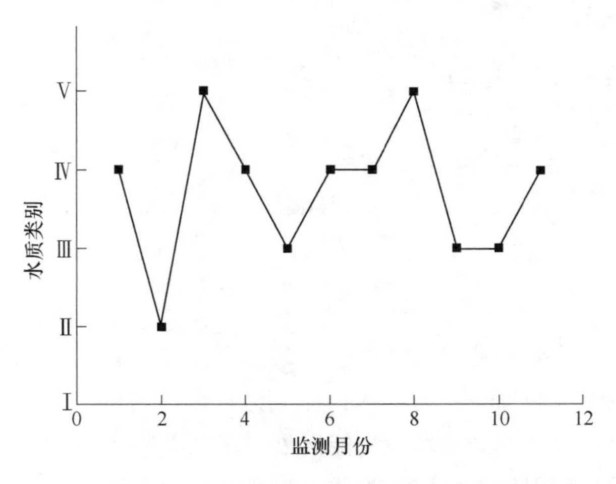

图2-2　弥苴河2008年月平均水质变化

永安江属于弥苴河水系，古称东川、漫地江，位于弥苴河东侧，北起下山口(海拔1971.83m)，贯通东湖区，南至江尾白马登入洱海，汇集草海子、水磨箐、鲤泉水、老马涧、青石涧等，长18.35km。径流面积110.25km²，多年平均径流量0.43亿立方米，占洱海多年平均径流量的5.2%。永安江源于右所镇下山口电站，至江尾镇白马登入洱海处，依次经过右所镇的三枚村委会、梅和村委会、中所村委会、永安村委会、陈官村委会、松曲村委会、邓川镇的腾龙村委会、上关镇的青索村委会、大营村委会、马厂村委会。它是洱源县集农田灌溉、排洪等多功能的一条重要河道。东湖位于邓川坝子弥苴河东部，北起簸箕闸、三岔闸，南止邓合公路边，主要涉及右所、邓川两镇，属西湖州级自然保护区范围，历史上湖面面积在 6~14km^2 之间变幅，北起小南营，东至团山海，南达江前村，西止陈、刘、葛官营，小石桥、后湖等村处于湖中。由于围湖造田，以及湖区淤填，目前沼泽化严重，趋于消亡。

永安江 2008 年月平均水质如图 2-3 所示，在监测的 11 个月里面，两个月为Ⅲ类，三个月为Ⅳ类，三个月为Ⅴ类，三个月为劣Ⅴ类，永安江监测结果显示，主要污染指标为 TN、TP、氨氮、高锰酸盐指数。

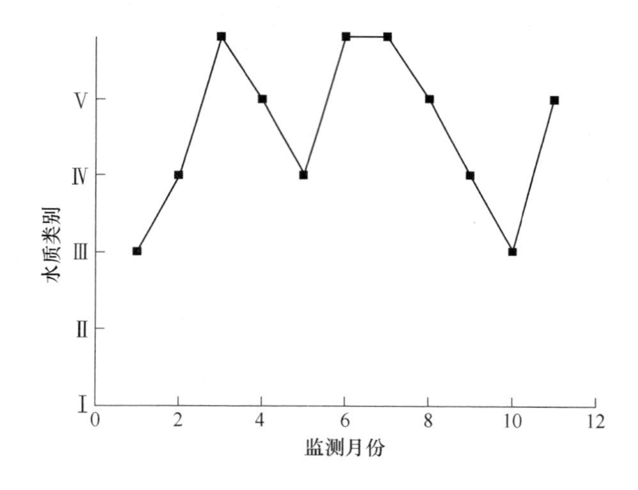

图 2-3　永安江 2008 年月平均水质变化

罗时江是洱海重要的补给水源之一，多年平均径流量约为 1.1 亿立方米，占洱海多年平均径流量的 13%。近年来由于湖区社会经济的发展，污染严重，水质已下降到Ⅴ类，远远达不到水环境功能区划要求的Ⅱ类水体的要求，给洱海带入了大量污染物质，特别是氮、磷污染物，加剧了洱海富营养化进程。近年来，罗时江水环境污染严重，面源污染突出；洱源西湖水质及生态环境恶化，水质下降；罗时江堤岸坍塌，河床淤阻，过流不畅；东有弥苴河泥沙淤积罗时江引水渠道，西有凤藏涧、旧州龙王涧沙坝、温水沙坝水土流失挟带大量泥沙进入西湖和罗时江。目前，罗时江的水质污染已经严重威胁到洱海水质安全，严重影响到该区域的环境质量，影响到流域内居民正常生活和生产。

罗时江 2008 年期间月平均水质如图 2-4 所示。在监测的 11 个月内，有八个月水质为>Ⅴ类，只有一个月是Ⅳ类，两个月为Ⅴ类。罗时江监测结果显示，主要污染指标为 TN、TP、COD、高锰酸盐指数。

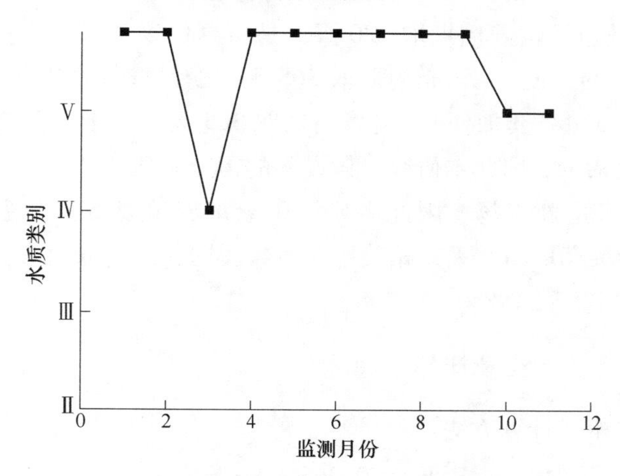

图 2-4 罗时江 2008 年月平均水质指标

2.2 有机固体废物产生现状

2.2.1 废物产生量核算方法

本研究中固体废物的产生量估算方法采用前文 2.1 小节中所述的第二种方法，即利用废弃物的产生系数（又称“产废系数”或“排污系数”）进行估算，该方法是目前估算废弃物产生量比较通用的方法。而本章针对废弃物产生量的研究采用其实物重，以更好的描述废物的规模之大。在后续的 4～6 章节中则采取废弃物的干重，以更准确的描述其资源可获得性。

2.2.1.1 畜禽粪便计算方法

畜禽粪便计算方法：

$$W_m = T \cdot N \cdot \sigma_2 \tag{2-1}$$

式中 W_m ——某地养殖业粪便产量，kg/a；

N ——该地区牲畜数量，头；

σ_2 ——养殖业粪便排泄系数，kg/(头·d)；

T ——畜禽的饲养周期，d。

在畜禽粪便的年产生量核算中，由于洱海流域畜禽养殖以养殖奶牛为主，因此牛的核算数量以年末存栏量为准，排泄系数取 30kg/d（粪加便），饲养周期取 365 天；猪的核算数量以年末出栏量为准，排泄系数取 5kg/d（粪加便），饲养周期取 175 天，每年可以饲养两期生猪；羊的核算量以年末出栏量为准，排泄系数取 3kg/d（粪加便），饲养周期取 220 天；马核算量以年末存栏量为准，排泄系数取 17.5kg/d（粪加便），饲养周期取 365 天；驴的核算量以年末存栏量为准，排泄系数取 7.5kg/d（粪加便），饲养周期取 365 天；由于相关文献中有关骡的污染系数的报道稀少，因此本研究中假设骡的污染系数与驴相同；由于洱海北部流域内共有 12 家蛋养鸡场，因此本研究中家禽养殖以蛋鸡为主，排泄系数取 0.12kg/d，饲养周期取 365 天，相关排泄系数及饲养周期取值参数来源于农业技术经济手册（牛若峰，1984）。

2.2.1.2　居民粪便产生量计算方法

居民粪便产生量计算方法：

$$W_r = 0.365 \cdot N \cdot \sigma_1 \tag{2-2}$$

式中　W_r——居民粪便产生量，万吨/年；

N——居民常住人口，万人；

σ_1——居民排污系数，0.3kg/(人·d)。

秸秆产生量数据来源于洱源县和大理市 2008 年统计数据。

2.2.2　有机固体废物产生量

通过对洱海北部流域经济、社会基本情况进行资料收集，汇总了流域内的种植、畜禽养殖和农村居民情况。茈碧湖镇（县政府所在地）人口相对较多，其次是右所镇和上关镇，上关镇的人口密度较大，且上关镇处于洱海入湖口，对洱海有直接污染威胁。

洱海北部流域七乡镇 2008 年秸秆总产量（湿重）为 596495t，其中产自粮食作物的秸秆（湿重）为 350509.8t，占总秸秆量的 58.76%；产自烤烟的秸秆（湿重）为 1695.2t，占总秸秆量的 0.28%；产自蔬菜的秸秆（湿重）为 199552.5t，占总秸秆量的 33.4%；产自其他作物的秸秆（湿重）占总秸秆量的 7.5%。由图 2-5 可以看出，邓川镇的蔬菜秸秆产量居首位，三营镇的粮食和烤烟秸秆产量居于首位，且三营镇的秸秆总产量也居于首位。

由图 2-1 可以看出，洱海北部流域村落沿流域两岸密集分布，人类活动频繁的地方必然污染源强较大，流域两岸人口密集是洱海面源污染严重的根本原因。本研究又通过实地调研证实，洱海北部区域沿流域带内畜禽养殖业发达，规模化

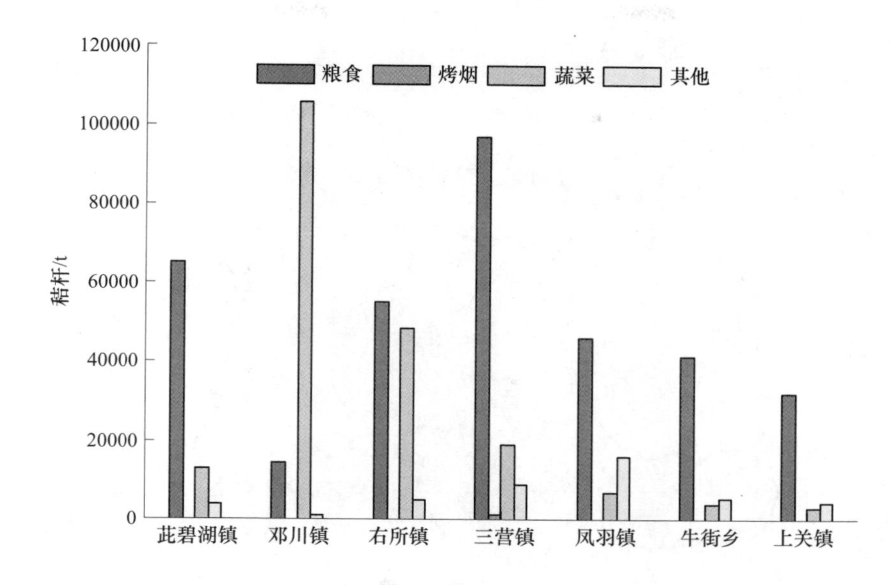

图 2-5 2008 年洱海北部流域内种植模块秸秆产生量

养殖场或者养殖户靠近流域密集分布，利用 arcGIS 平台对调研数据进行处理后得出洱海北部流域内规模化畜禽养殖业分布图，如图 2-6 所示，养殖场沿流域密集分布，与村落和人口分布情况一样，可以推断养殖废物的无序堆放、无控排放也必将沿流域密集分布，尤其在靠近入湖口的上关镇片区更为明显，因此，养殖业对流域入湖污染的影响必然严重。

洱海北部流域 7 乡镇 2008 年共养殖奶牛 68263 头，猪 211339 头，羊 43239 头，马 936 匹，驴 895 头，骡 3923 头，养殖家禽 531362 只，奶牛和生猪养殖数量大，排泄废物量大，必然导致大量的养殖废物没有对应的有效措施进行处理。由图 2-7 可以看出，北部流域七乡镇中茈碧湖镇养殖粪便产生量最大，上关镇次之，而上关镇位于洱海北部三大水系的入湖口处，成为洱海富营养化较大的隐患。

农村地区居民粪便产生系数取值 0.3kg/d（牛若峰，1984；鲁如坤，1982，北京农业大学，肥料手册）。由图 2-8 所示，居民粪便产生量巨大，目前流域内主要以化粪池露天堆沤方式处理，水冲厕所在流域内少见。对问卷调查中该部分固体废物的处理利用进行了分析，发现人类粪便表观利用率很高，占调查户数的 99.13%，目前全部经化粪池堆沤后进行还田处置。居民生活过程产生的厨余垃圾在流域内得到了较好的处理，目前 99.79%的厨余垃圾用于饲养牲畜，可以认为厨余垃圾全部回收利用，在此不做计算。

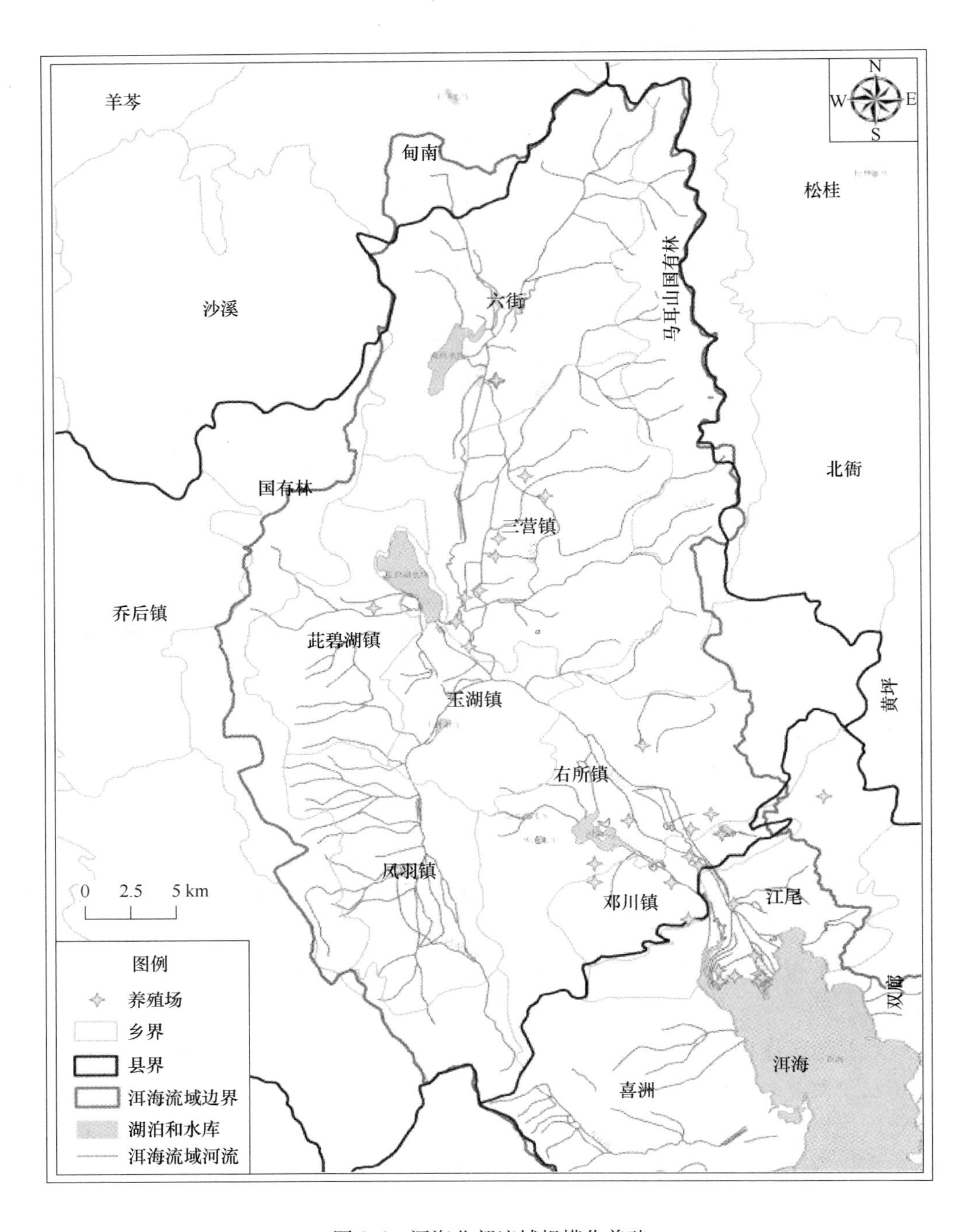

图 2-6　洱海北部流域规模化养殖

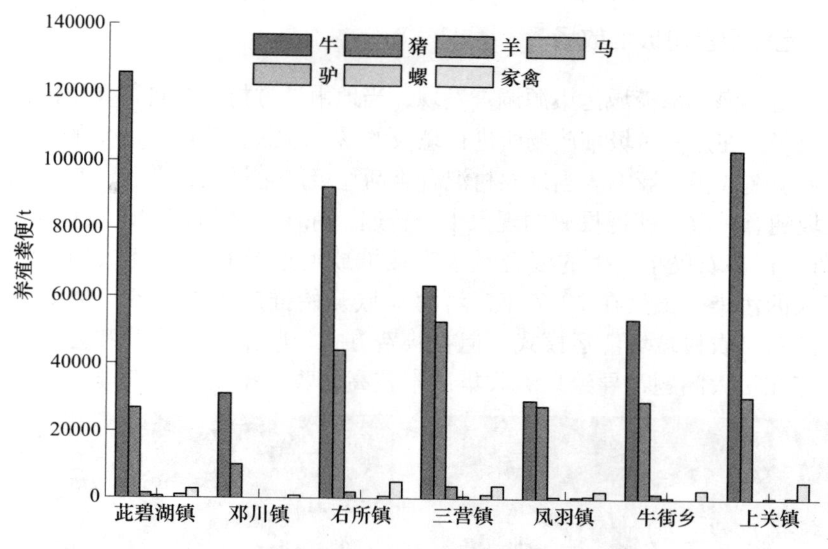

图 2-7 2008 年洱海北部流域主要畜禽粪便产生量

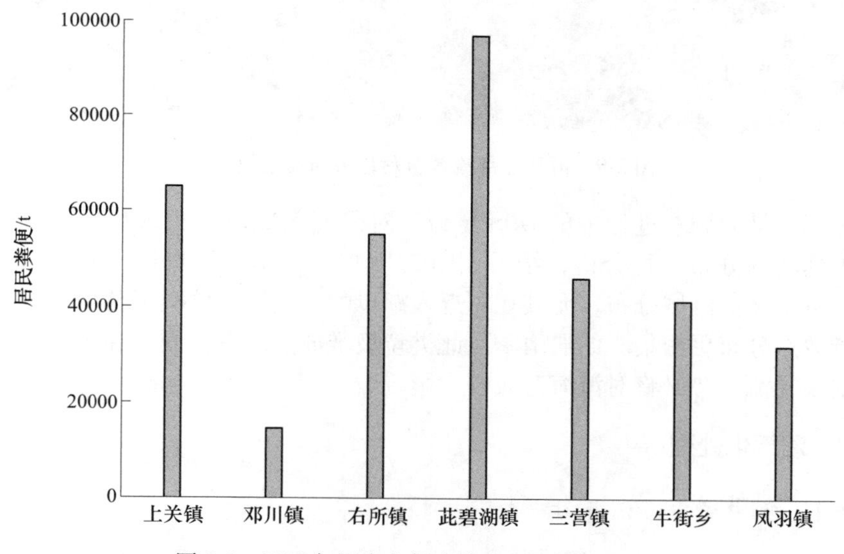

图 2-8 2008 年洱海北部流域内居民粪便产生量

2.3 有机固体废物处理处置现状

洱海是我国初期富营养化湖泊的典型代表。洱海最大的污染就是来自沿湖的面源污染（颜昌宙，2005），即沿湖村庄的生活污水和固体废物，尤其是靠近洱海入湖口的地方，对洱海的污染也就越大。

2.3.1　无控混合垃圾堆放场

通过对洱海北部流域污染源调查发现，当地由地方村委会自行建设的简易垃圾堆放点很多，在这些垃圾堆放场所进行垃圾的露天堆沤、焚烧，产生的粉尘、臭气对周围环境造成很大影响。当地农村混合生活垃圾产生量大，并且长期以来，农村生活垃圾随意排放、就近投放的现象十分普遍，除了上述所谓“堆放场所”（图2-9）以外，很多农民将产生的混合垃圾直接堆放河边或直接入河入湖，对水体造成了极大的污染。虽然在2007年，洱海流域开始推广农户交费、袋装收集、及时清运的新型农村垃圾清运模式，但在收费方式、收集运输线路和处理设备的布局上还存在很大问题，导致垃圾收集成本较高，收集率低，随意堆放现象普遍。

图2-9　洱海北部流域村落垃圾简易堆放场所

根据污染源调查过程中的GPS定位，对研究区域内的建议垃圾堆放点以及卫生填埋场的分布进行分析，结果如图2-10所示。由图可看出，流域内简易垃圾堆放点依然沿流域分布，尤其在靠近入湖口的上关镇，此类无任何处理措施的垃圾堆放点分布更密集。如遇雨季，此类垃圾堆放点的有机固废在雨水的冲刷下进入地表径流，势必将对洱海造成较大影响。

2.3.2　沼气化处理

2.3.2.1　集中式中温沼气站

洱源北部流域畜禽养殖数量大，年产粪便量巨大，且大量粪便未经处理就直接还田，是造成农业面源污染的主要原因。为解决乳畜业发展与面源污染控制两者间的矛盾，大理州相关部门利用太阳能技术，于2006年在三营镇新龙村建成云南省首个管道沼气示范村，2008年分别在右所镇西湖南登村、茈碧湖镇丰源上村、凤羽镇凤河村、邓川镇腾龙村和三营镇三营村、三营镇新龙村、上关镇兆邑村建设了7座太阳能中温沼气站。目前洱海北部流域内大理市上关镇已建沼气站1座、洱源县境内已建沼气站6座，待建3座，预计到2010年在将建成10座

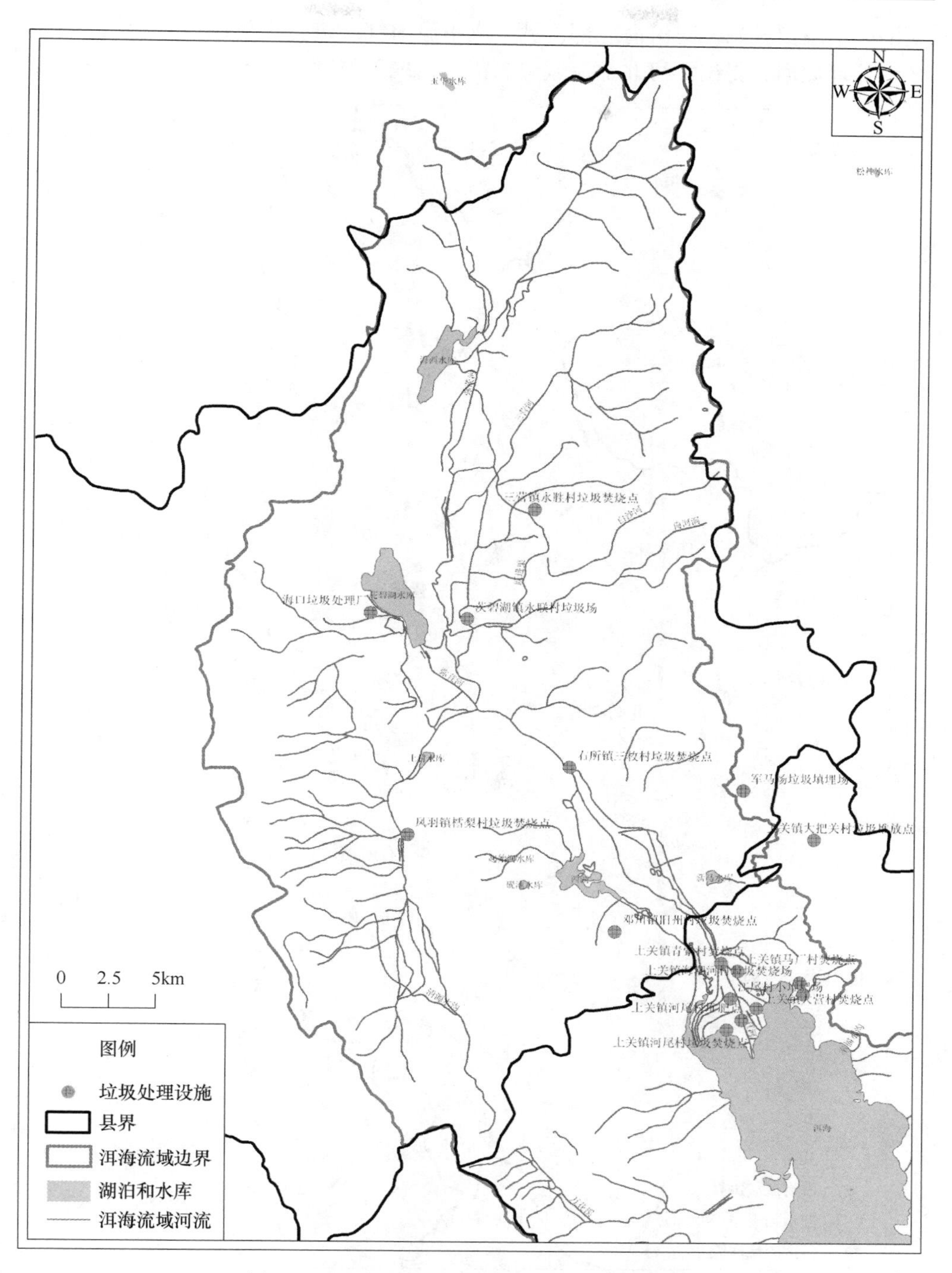

图 2-10　洱海北部流域混合垃圾无控堆放场点

太阳能中温沼气站。对洱海北部流域 7 座中温沼气站进行现场调研并利用 arcGIS 平台处理数据，得出洱海北部流域中温沼气站地理位置信息图，如图 2-11 所示。

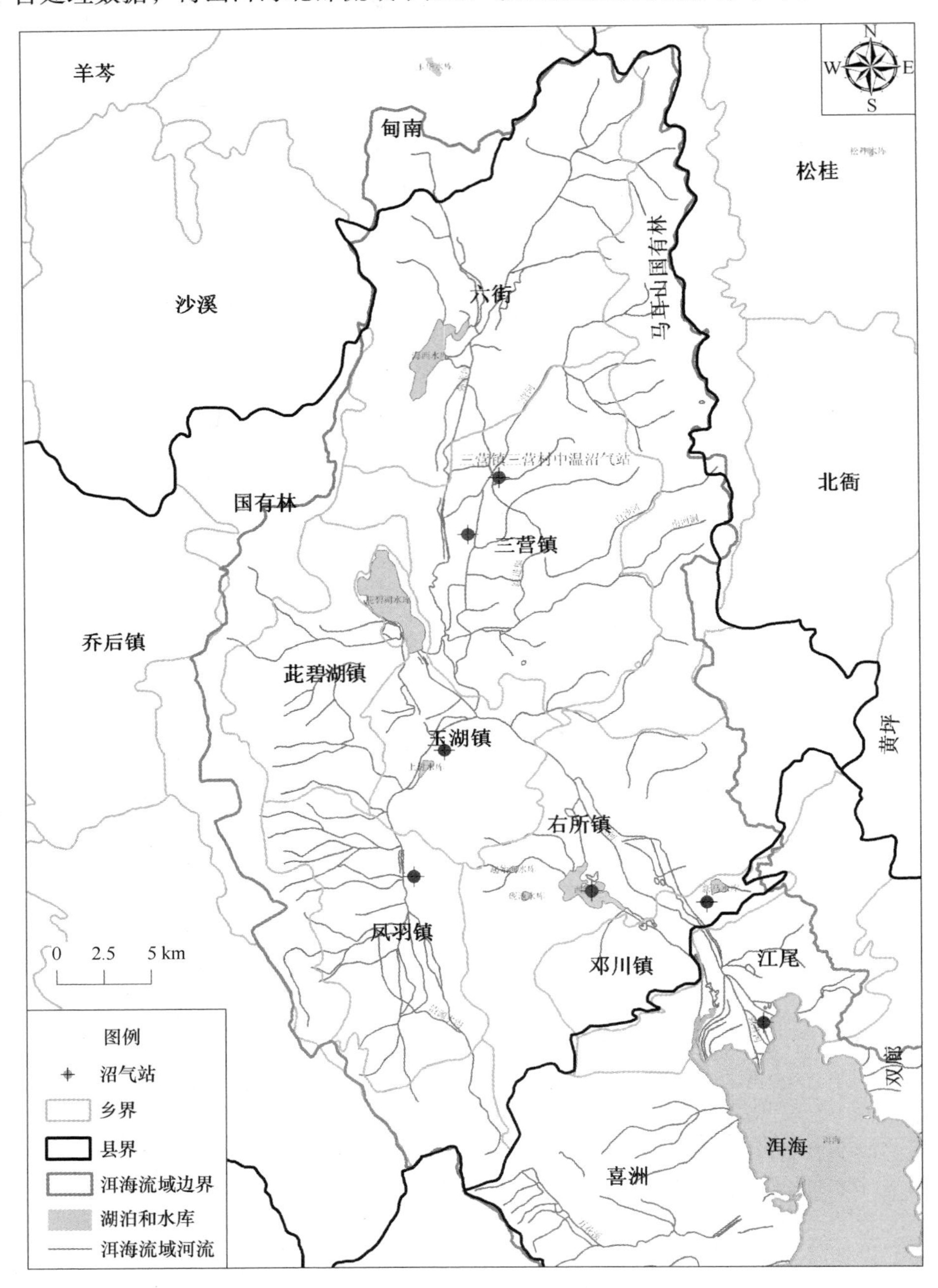

图 2-11　洱海北部现有沼气工程位置

沼气站发酵技术采用太阳能中温发酵技术，发酵原料收购自养殖户，主要是畜禽粪便和少量垫圈稻草。每座中温沼气站建设规模为日处理厩肥 3.46t、畜禽尿 7.34t，日产沼气 100m^3、液体有机肥 10t、精制有机肥 0.2t 的 200m^3 太阳能中温钢体沼气池，并配套集中供气系统和沼肥调配系统，如图 2-12 所示。目前七座已建沼气站只有邓川镇腾龙沼气站在运行，但运行不连续、产气率低，沼液易结壳，温度达不到发酵所需 35℃左右的中温。

图 2-12　洱源中温沼气站现场图

2.3.2.2　户用沼气池

洱海北部区域畜禽养殖业发达，农村户用沼气的普及相对于其他地区较为发达，流域内 15%以上的农户使用沼气池。户用沼气池的推广解决了分散的人畜粪便的去向问题，减少了因为畜禽粪便的随意堆置而造成的氮磷随雨水经地表径流进入洱海水系造成的污染，同时，也减少了氮磷对环境美观及人体健康的影响。

户用沼气池目前存在的主要问题是：产气不稳、产气率不高，尤其在冬天，99%的户用沼气池产气不足。根据入户调查结果，户用沼气池进料和出料较繁琐，农户通常不愿意频繁出料，造成户用沼气池寿命较短，一般为 1 年。

2.3.3　自然堆沤

洱源县养殖数量巨大，每年产生大量的畜禽粪便，加之与农田施用时间的错位，导致农田非施肥期大量的畜禽粪便得不到及时处理。而畜禽粪便是一种廉价易得而又肥效较好的有机肥料，根据本研究实地调查的结果，当地农户普遍认为新鲜的畜禽粪便经过一段时间的堆沤后肥效会更好，其中的致病菌以及有害物质也会大量减少，因此养殖户每天或者隔天会将自家的牲畜粪便收集至固定地点进行自然堆沤厌氧发酵，又由于缺乏完善的堆沤装置和统一的管理机制，养殖户居民凭个人意愿随意堆置，且堆沤时间较长，一般周期为 4~6 个月。因此，在洱源县随处可见畜禽粪便散堆于房前屋后、渠边田头的现象（如图 2-13 所示），每当暴雨来临，畜禽粪便经冲刷随径流进入湖体造成污染，这是造成面源径流污染严重的主要原因之一。

图 2-13　洱源县主要畜禽养殖及废物处理情况

2.4　流域内有机固体废物无控排放量

根据 2008 年洱源县和大理市环境保护局统计数据，借助于 arcGIS 软件，对洱海北部流域内的农村有机固体废物的产生利用现状进行衡算，得出洱海北部流域主要畜禽的粪便产利用衡算图、农作物秸秆的产利用衡算图和生活垃圾产利用衡算图。

洱海流域种植作物以稻谷、玉米、大麦、蚕豆、大蒜、烤烟为主，2008 年秸秆产生量总计 502577t（湿基），其中包括粮食秸秆 350509. 7t（湿基）、大蒜秸秆 105613. 8t（湿基）、烤烟秸秆 1695. 2t（湿基）等。利用 arcGIS 对秸秆产利用进行衡算，如图 2-14 所示。目前流域内主要的处理方式为露天焚烧和灶内燃烧两种，多余的秸秆则随意堆置、丢弃，没有规范的处理措施，流域内种植模块秸秆得不到有效处理利用。

洱海北部流域养殖业主要污染源为牛粪便和猪粪便，猪粪便产生量为 36. 98 万吨/年（湿基），牛粪便产生量为 74. 75 万吨/年（湿基），7 座太阳能中温沼气站处理量为 0. 88403 万吨/年（湿基），农户户用沼气处理量占 4. 2%，因此北部流域养殖生猪和奶牛的废弃物每年 81. 42 万吨（湿基）得不到有效地利用，加上其他马、羊、驴以及家禽的废弃物，每年将有 128. 08 万吨（湿基）畜禽粪便得不到有效地控制，畜禽粪便污染造成的环境空气和水体污染不容乐观。利用地理信息系统对养殖废物的产生利用情况进行衡算，结果如图 2-15 所示。

由于流域内养殖牲畜业发达，农户每天的餐厨垃圾目前基本全部回收用于饲养牲畜，没有外排至环境。而本研究涉及的北部流域七乡镇居民粪便产生量为 27433. 25t/a，目前流域内无规范的处理方式，居民粪便以化粪池形式露天堆沤后还田处置。粪便堆放过程产生的臭气以及蚊蝇等，将对周围环境和人体健康造

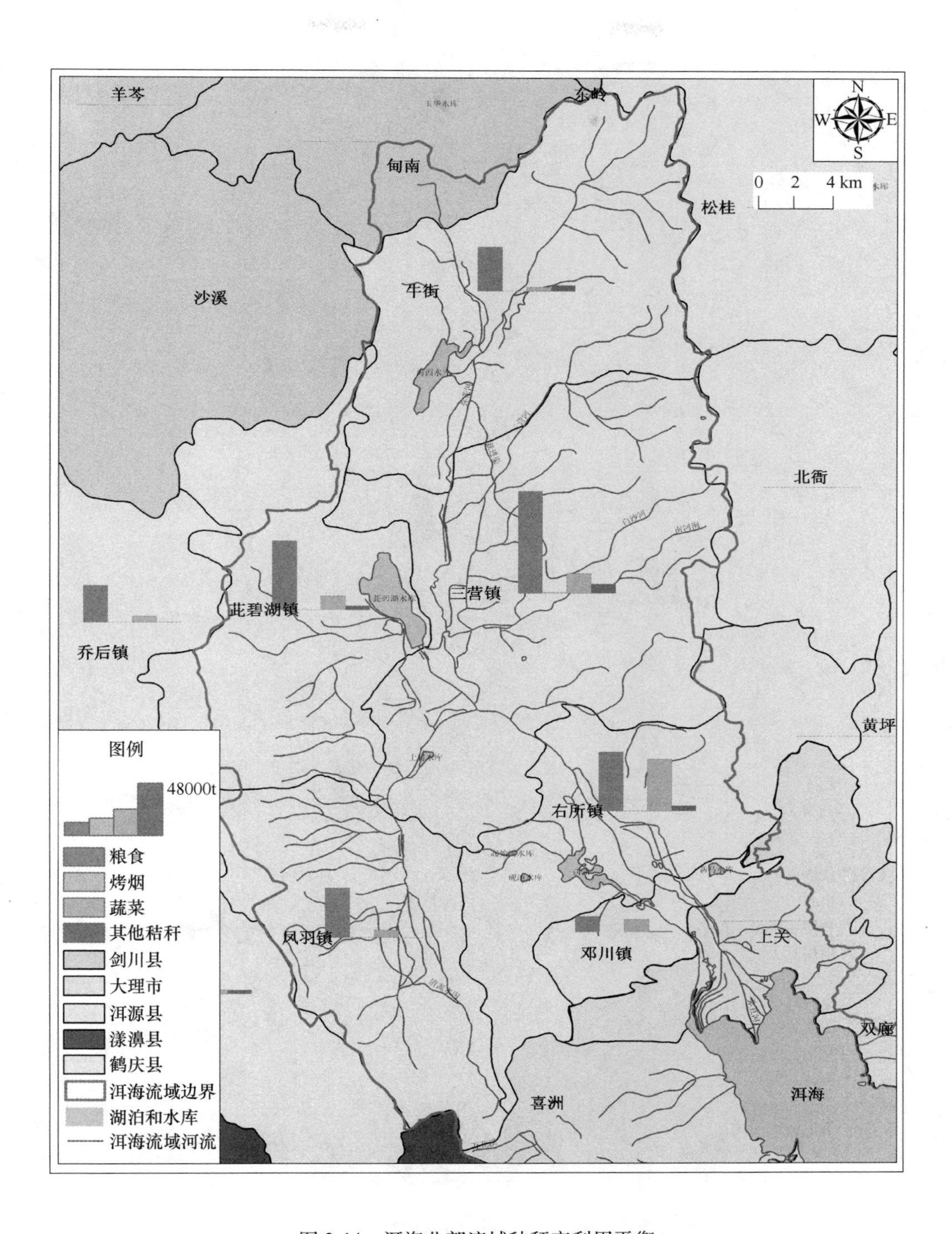

图 2-14 洱海北部流域秸秆产利用平衡

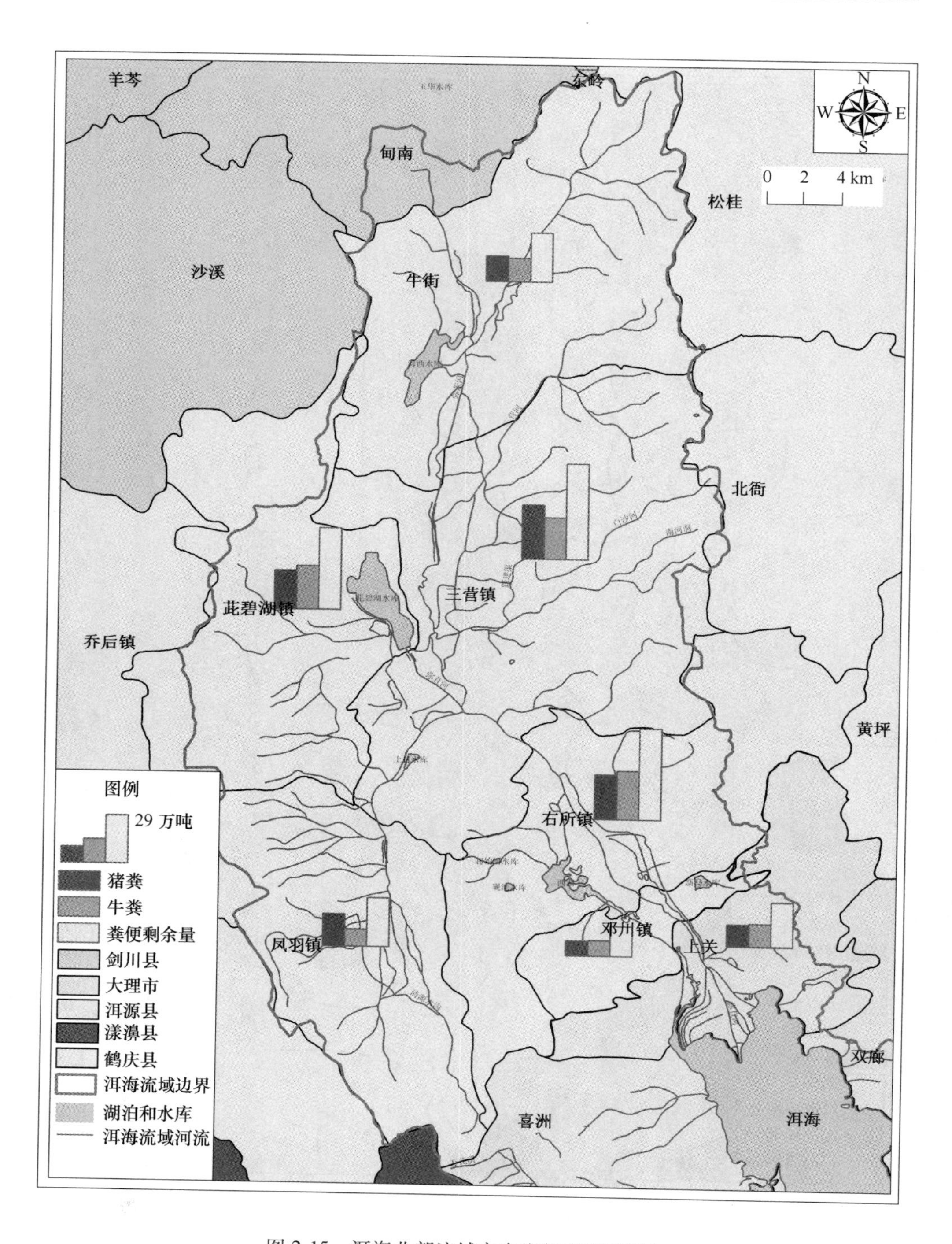

图 2-15　洱海北部流域畜禽粪便产利用平衡

成较大影响。利用地理信息系统对居民生活粪便的产生利用情况进行衡算，结果如图 2-16 所示。

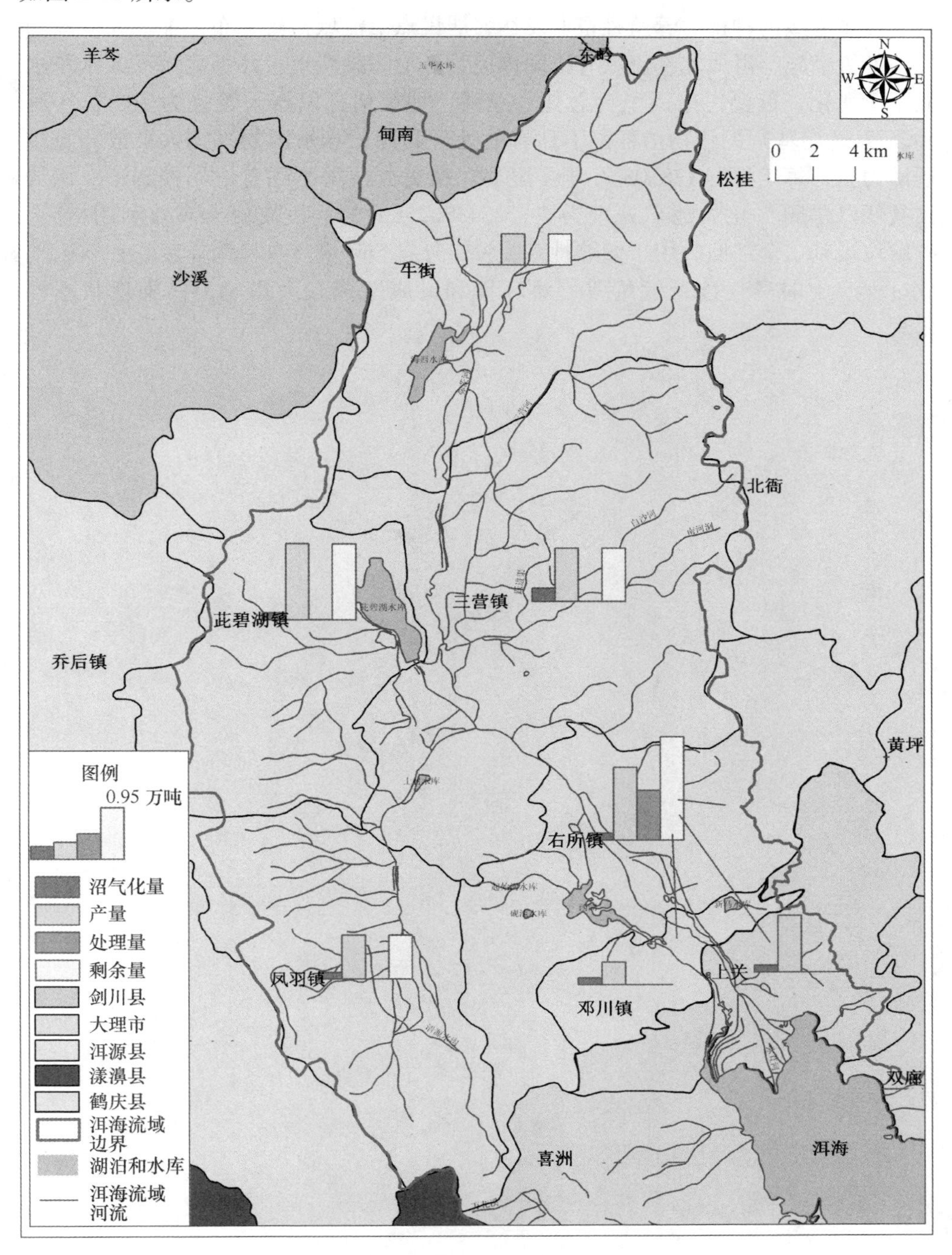

图 2-16 洱海北部流域居民粪便产利用平衡

2.5　本章小结

由于流域内种植、养殖牲畜业发达，居民点沿流域密集分布，加之无有效的处理处置措施，洱海北部流域有机固体废物环境污染严重。北部流域三大水系水质不断恶化，首要污染因子为总氮、总磷。种植秸秆以露天焚烧为主，每年有502577t（湿基）的作物秸秆得不到有效处理利用；养殖废物以露天堆放和直接还田为主，每年将有128.08万吨（湿基）畜禽粪便得不到有效的控制；乡镇居民粪便以旱厕（化粪池）处理为主，27433.25t/a的居民粪便无高效利用措施；餐厨垃圾基本全部回收用于饲养牲畜，没有外排至环境。有机固体废物在露天堆放过程产生的臭气以及蚊蝇等，对环境和健康造成较大影响，污染现状不容乐观。

3 有机固体废物氮磷背景值分析

3.1 实验方法及装置

3.1.1 采样点

我国目前的面源污染基础数据短缺，短时间开展大量精细试验也不可能，因此试验测试法在大区域尺度较难实施。本研究实验中，研究区域内的种植模块废物、养殖业废物以及居民生活有机固体废物采样点的选取原则是，北部流域七乡镇共选取26个采样点，每个乡镇保证5个特征点，即土壤、养殖粪尿、种植作物、种植秸秆、人粪尿。由于样品量较大，且山地交通不便，课题每次只针对一个乡镇采样，每次针对26种物质采样，每种物质另取2组平行样（即变换位置取样），一次采样样品数为78个，每种物质最终的实验结果取七乡镇算术平均值，课题前后一共进行了七次大规模采样（见表3-1）。

表3-1 实验采样点位置及特征

乡镇	序号	采样点	样品种类	取样点特征	备注
上关镇	1号	漏邑村	种植作物籽粒、秸秆；土壤	耕地面积相对较大，作物种类齐全	土壤样品、养殖粪便、养殖废水和畜禽屠宰废水含有大量微生物，样品采集后于1小时内带回实验室，放入4~6℃冰箱内，于24h之内进行实验，减小误差；由于工作站实验条件所限，所有物质的含水率均采用电热鼓风恒温干燥箱干燥后测定
	2号	兆邑村	养殖粪便	村子地势较平，取圈内鲜粪	
	3号	沙坪村	养殖粪便、冲圈水	村子呈斜坡状，位于入湖口上游，村内冲圈水直排入湖河流	
	4号	马甲邑	居民粪便	距离实验站较近	
邓川镇	5号	井旁村	种植作物籽粒、秸秆；土壤	耕地面积相对较大，作物种类齐全	
	6号	腾龙村	养殖粪便	村子地势较平，取圈内鲜粪	
	7号	中和村	养殖粪便、冲圈水	村子人口分布于罗时江两岸，村内养殖废水直排入江	
	8号	新州村	居民粪便 、	距离实验站较近	
右所镇	9号	三枚村	种植作物籽粒、秸秆；土壤	耕地面积相对较大，作物种类齐全	
	10号	中所村	养殖粪便	村子地势较平，取圈内鲜粪	

续表 3-1

乡镇	序号	采样点	样品种类	取样点特征	备注
右所镇	11 号	幸福村	养殖粪便、冲圈水	村子背靠苍山，呈斜坡状，面对弥苴河，养殖废水直排	土壤样品、养殖粪便、养殖废水和畜禽屠宰废水含有大量微生物，样品采集后于 1 小时内带回实验室，放入 4~6℃ 冰箱内，于 24h 之内进行实验，减小误差；由于工作站实验条件所限，所有物质的含水率均采用电热鼓风恒温干燥箱干燥后测定
	12 号	南天神	居民粪便	距离实验站较近	
洱碧湖镇	13 号	九台村	养殖粪便、冲圈水	村子与西湖水库紧邻	
	14 号	玉湖村	养殖粪便	村子地势较平，取圈内鲜粪	
	15 号	海口村	居民粪便	距离实验站交通较为方便	
	16 号	丰源村	种植作物籽粒、秸秆；土壤	耕地面积相对较大，作物种类齐全	
三营镇	17 号	三营村	居民粪便	距离实验站交通较为方便	
	18 号	勋庄村	养殖粪便	村子相对平坦，取圈内鲜粪	
	19 号	河邑村	养殖粪便、冲圈水	村子位于弥苴河岸边，冲圈水直排	
	20 号	新龙村	种植作物籽粒、秸秆；土壤	耕地面积相对较大，作物种类齐全	
牛街乡	21 号	上邑村	居民粪便、养殖粪便、冲圈水	村子与海西水库紧邻	
	22 号	牛街村	养殖粪便	地势相对平坦	
	23 号	松坪村	种植作物籽粒、秸秆；土壤	村子以坡耕地为主，较为典型	
凤羽镇	24 号	凤翔村	种植作物籽粒、秸秆；土壤	村子以坡耕地为主，较为典型	
	25 号	雪梨村	养殖粪便	交通相对方便	
	26 号	上寺村	居民粪便、养殖粪便、冲圈水	村子位于清源河沟边（弥苴河支流）	

3.1.2 实验方法

实验方法为：

（1）有机物全氮采用中华人民共和国农业行业标准——NY/T 297—1995（有机肥料全氮的测定）；有机物全磷采用中华人民共和国农业行业标准——NY/T 298—1995（有机肥料全磷的测定）。

（2）水体总氮采用中华人民共和国国家标准——GB 11894—89（碱性过硫酸钾消解紫外分光光度法）；水体总磷采用中华人民共和国国家标准——GB 11893—89（钼酸铵分光光度法）。

（3）含水率：称取样品 50g（植物秸秆在磨碎机内打磨至粒度小于等于 120

目)，于105℃的烘箱中烘干至恒重（约12h)。取出后放入干燥器内冷却至室温后称重比较。

3.1.3 实验装置

消煮炉（图3-1a)、定氮蒸馏装置（图3-1b)、分光光度计、分析天平、电热鼓风恒温干燥箱、磨碎机、模拟降雨器（图3-2)。

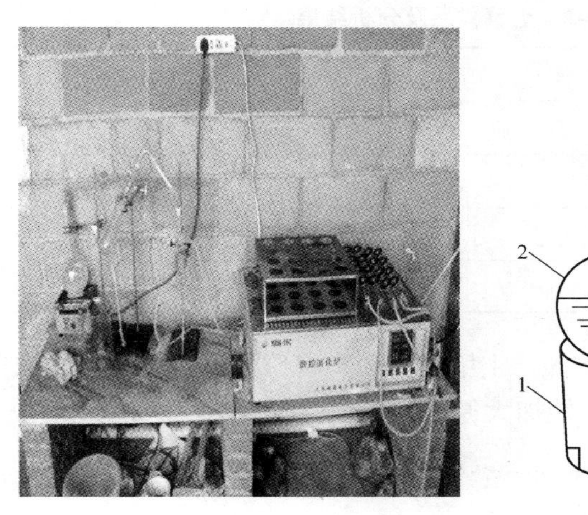

a

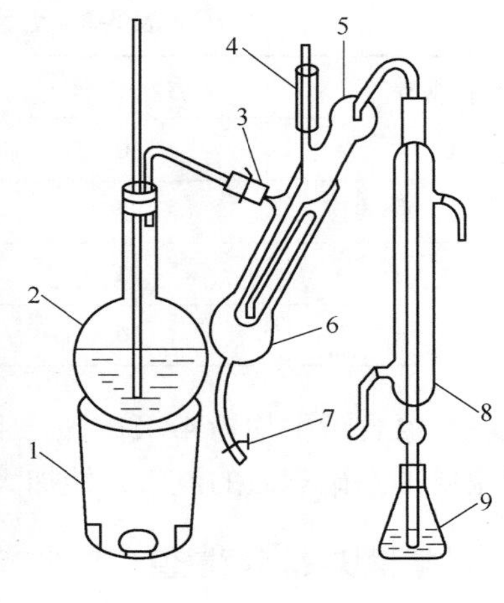

b

图3-1 消化装置和蒸馏定氮装置

1—电炉；2—水蒸气发生器；3—螺旋夹；4—小漏斗及棒状玻璃室；5—反应室；6—反应室外层；7—橡皮管及螺旋夹；8—冷凝管；9—蒸馏液接收瓶

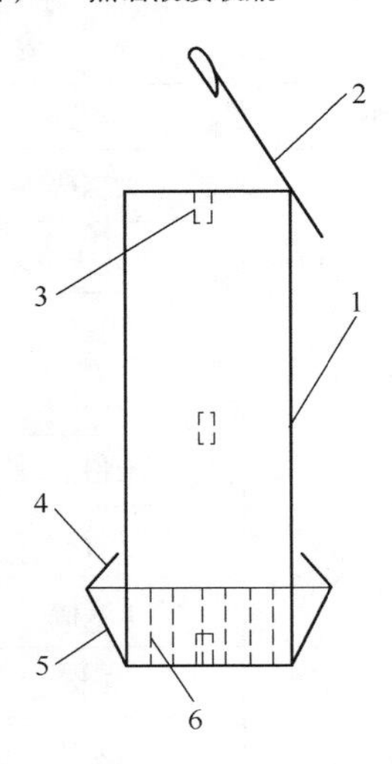

图3-2 人工模拟降雨装置

1—装置主体；2—模拟降雨喷头；3—采样口；4—防雨盖；5—集水槽；6——漏水栅栏

3.2 实验结论

3.2.1 土壤氮磷背景值

对洱源县洱海流域内七乡镇分区域采集土样后，采用四分法混合均匀，取三份作为平行实验，结果如表 3-2 所示。

表 3-2 土壤样品及分析结果

样品编号	含水率/%	全氮/g · kg^{-1}	全磷/g · kg^{-1}
0	20	4. 485	1. 695
1	22	4. 601	1. 671
2	23	4. 510	1. 687
3	20	4. 3	1. 692

土壤全氮含量平均为 4. 48g/kg，土壤全氮和有机质含量过高，增加农田氮素流失的主要形态硝态氮的流失，能加大氮素流失风险。

3.2.2 种植模块氮磷背景值

种植作物和秸秆实验前在 105℃条件下烘干 24h 测定含水率，后用磨碎机分别将各种烘干后的作物和秸秆粉碎打磨至颗粒小于等于 120 目，用消煮炉将烘干并磨碎后的各种植物样品分别进行消煮，测定全氮、全磷（见表 3-3）。

表 3-3 农作物中氮磷含量清单

类型	样品	含水率/%	全氮/mg · g^{-1}	全磷/mg · g^{-1}
实验值	大蒜秸	56	14. 05	3. 47
	蒜头	70	19. 59	4. 92
	蚕豆秸	20	18. 99	3. 67
	蚕豆	12. 4	35. 65	9. 13
	水稻秸	10. 1	2. 8	0. 02
	稻谷	11	25. 95	2. 35
	玉米秸	6. 5	9. 67	1. 7
	玉米	12	20	2. 7
	小麦秸	9. 6	13	2. 4
	小麦	5. 3	22. 8	4. 2

续表 3-3

类型	样品	含水率/%	全氮/mg·g^{-1}	全磷/mg·g^{-1}
文献值	大豆秸	10.4	16	1.89
	大豆	10.8	59.7	5.27
	马铃薯	77	23.6	4.3
	油菜秸	11.9	7.2	3.2
	油菜籽	7.8	4.85	0.62
	向日葵秸	9.7	11.4	1.12
	向日葵籽	4.9	42	6.4
	其他蔬菜	90.1	60.2	9.75
	烟叶	21	15.5	6.5

注：张朝春，2005；胡国松，2000；烟草化学与分析，中国财政经济出版社；王鹞，1999。

3.2.3 畜禽养殖模块氮磷背景值

养殖粪便在进行实验测定之前分别于105℃条件下烘干24h测定含水率，后用磨碎机分别将各种烘干后的粪便粉碎打磨至颗粒小于等于120目，用消煮炉将烘干并磨碎后的各种干粪样品分别进行消煮，测定全氮、全磷。

养殖业固体废物氮磷参数清单，见表3-4。

表3-4 养殖业固体废物氮磷参数清单

样品	含水率/%	全氮/‰	全磷/‰	备注
牛粪	85.00	13.21	5.54	鲜粪便
牛尿	87.2	132.19	2.49	
牛冲圈水	—	420.49	410.50	牛圈出口处样
马粪	75.00	17.50	2.60	鲜粪便
马尿	92.3	113.8	0.52	
羊粪	65.00	21.70	2.53	
羊尿	89.79	105	1.94	
猪粪	80.00	30.07	3.12	鲜粪便
猪尿	96	14.4	11.24	
猪冲圈水	—	626.9	4.88	猪圈出口处样
鸡粪	80.00	21.78	6.78	鲜粪
鸭粪	70.00	23.70	6.15	
蚯蚓粪	32.67	3.785	4.319	

续表 3-4

样品	含水率/%	全氮/‰	全磷/‰	备注
驴粪	54.50	10.67	1.70	文献值
驴尿	92.3	101.4	0.89	
螺粪	54.10	8.96	1.92	
骡尿	92.3	77.9	0.89	
青饲料	82.40	20.10	3.70	
配合饲料	11.84	43.20	9.50	

注：牛若峰，1984；许俊香，2005；罗钰翔，2008；陈敏鹏，2007；樊银鹏，2008；刘培芳，2002；马林，2006；彭里，2007；李鹏，2007。

3.2.4 农产品加工氮磷背景值

由于农产品加工行业相关参数实验较难获得，除畜禽血水以外，农产品加工业 N、P 含量多采用文献平均值。农产品加工业氮磷参数，见表 3-5。

表 3-5 农产品加工业氮磷参数

类别	含水率/%	全氮/‰	全磷/‰	备注
猪肉	77	104.7	4.27	文献值
牛肉	75	123.6	5.9	
羊肉	74	105.3	6.87	
马驴骡肉	79.6	133.5	10.17	
鸡肉	76.1	125.4	8.16	
鸭肉	69.8	127	4.02	
猪血	90.7	132.3	1.23	
牛血	85.1	145	0.96	
羊血	90.2	149.1	0.83	
马血	83.2	135.4	0.96	
鸡血	85	145.6	8.43	
鸭血				
猪内脏	85.9	92.5	7.34	
牛内脏		93.7	8.15	
羊内脏		88.8	8.67	
马驴骡内脏	75.4	91.70	8.01	
鸡内脏	79.0	83.40	6.95	
鸭内脏	79.0	84.70	6.95	

续表 3-5

类别	含水率/%	全氮/‰	全磷/‰	备注
皮毛	40.4	146.70	2.10	文献值
骨头	35.0	61.9	123.01	
牛奶	90.3	6.56	7.07	
鸡蛋、鸭蛋	78.7	9.26	7.08	
羊毛	18.0	17.71	0.46	
大米	13.7	12.0	0.24	
面粉	10.8	25.1	1.58	
植物油	0.0	0.0	0.0	
米糠	11.0	19.4	11.7	
麦麸	13.5	25.6	13.1	
豆粕	11.9	80.0	6.47	
菜籽饼	12.0	59.0	1.13	
葵籽饼	10.9	51.5	8.54	
玉米麸	12.0	3.84	0.90	

注：罗钰翔，2008；中国预防医学科学院，1992；邢廷铣，2008；赵冬青，2007；蒋爱民，2000；单安山，2005；中国食物成分表，2004。

3.2.5 农村居民生活氮磷背景值

由于同一地区内的生活习惯相同，居民日常食物相似，因此排放的粪便成分含量误差较小。实验过程对人类粪便的取样采取固定点取样，取样自公共旱厕，每个取样点取样 2 次，大春一次，小春一次，指标测定方法同畜禽粪便的测定。农村生活固体废物氮磷含量，见表 3-6。

表 3-6 农村生活固体废物氮磷含量

样品	含水率/%	全氮/‰	全磷/‰
人粪	80	63	26
人尿	—	172	12
餐厨垃圾	根据抽样调查结果，该部分没有流失，全部用于饲养牲畜		

3.2.6 养殖废物自然堆放氮磷流失系数研究

在洱海北部流域内，作物秸秆主要以田间燃烧的形式处理，N、P 流失主要以温室气体形式排放造成的大气污染；人类粪便以旱厕处理为主，主要以温室气体方式排放进入大气；厨余垃圾以饲料的形式再次进入养殖模块，以畜禽粪便形式排放；家禽养殖废物普遍自家田地施用，有剩余的则出售，不堆存且不存在暴雨冲刷造成的 N、P 流失现象；而流失较为严重的就是随处可见的大量散堆的奶牛粪便，因此，本书仅选取奶牛养殖废物为研究对象，分析自然堆置状态下，在雨水冲刷条件下的 N、P 流失规律。

实验方案：于井旁村和腾龙村购买鲜牛粪 2t，露天堆置于土地和水泥地垫面上，每次取样用小铲在肥堆的顶部、中心及下部分别取 100g 左右，立即混合用密封袋封口后带回工作站放入 4~6℃的冰箱中，于 24h 内测定全氮全磷含量。每 3 天取样一次，持续 2 个月（见表 3-7）。

表 3-7　畜禽粪便实验堆体特征

编号	废物类别	地点	堆体特征
1	牛粪	井旁村	鲜粪，下垫面为土壤
2	牛粪	腾龙村	鲜粪，下垫面为水泥

不同下垫面影响：由图 3-3 可见，泥土地上面的畜禽粪便全氮含量呈缓慢下降趋势，这是因为在无雨天气状况下，其中的氮素依靠渗透途径从堆放下垫面流失。而土壤具有较好的渗透性，利于氮素依靠渗透途径流失出去。而堆放在水泥地垫面上的畜禽粪便却呈现出富集的趋势，是因为水泥地渗透性差，本来依靠渗透流失的氮素被水泥地阻隔，无法流失，而农户又采取的是连续出粪的方式，每天都有新鲜粪便加入，因而造成了无法流失出去的氮素在粪堆内富集。这也证明，在无降雨条件下，渗透是流失的一个相当重要的途径。

而处于两种垫面上的畜禽粪便中全磷含量都呈现下降趋势（图 3-4），但又具有不同的特点。处于水泥地垫面上的畜禽粪便，在前期全磷含量就急速下降而后趋于稳定，主要原因可能是实验测定过程中干扰因素产生的误差较大；而泥土地上堆置的畜禽粪便则变化较为平缓，全磷一直处于稳步流失的趋势。相关研究报道（席北斗，2006），在堆肥的前期，微生物的活动随着堆肥温度的逐渐升高而增强，微生物在利用碳素能源的同时需要一定量的磷素完成自身生命活动，此

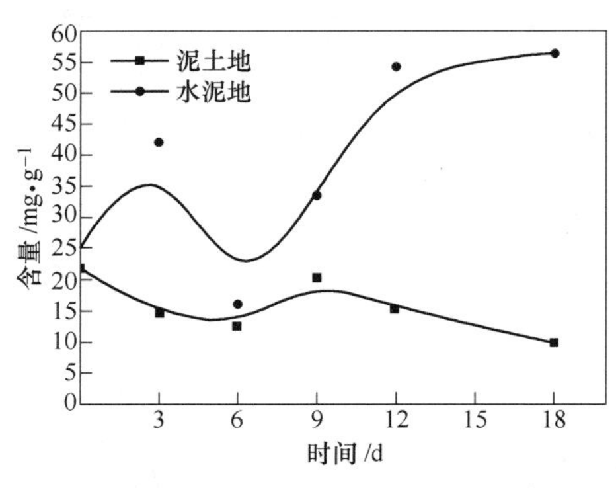

图 3-3　不同堆放下垫面全氮随时间的变化

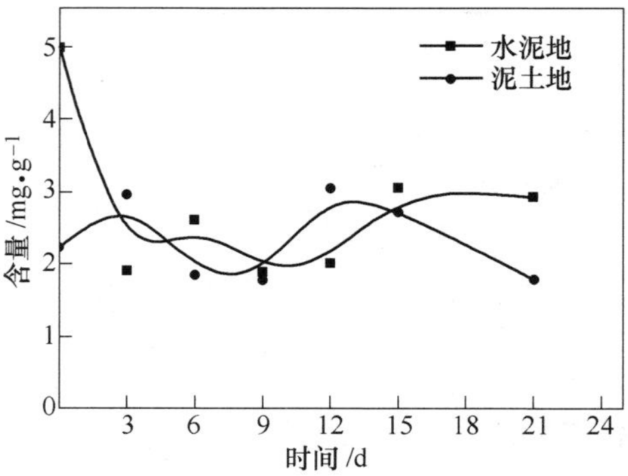

图 3-4　不同堆放下垫面全磷随时间的变化趋势

时可将无机态磷转化为有机态磷，而随着堆肥的逐渐腐熟，全磷含量也将逐渐下降并趋于稳定，因此全磷含量的变化趋势应该是先缓慢上升，然后逐渐下降并趋于稳定。因此，本书对水泥下垫面的全磷变化曲线是有误差的。而全磷变化曲线对比从侧面说明了垫面不是影响全磷流失的绝对因素，流失具有不同的特点主要是由不同形态的磷的流失特征决定的。

堆体高度影响：从图 3-5 和图 3-6 中可以看出，位于底层（50cm 处）处的全氮流失最为剧烈，而表层和中层的变化趋势都较为平缓，说明氮主要从底层流失。而中层（30cm 处）不但变化较缓，还有一定的富集趋势，表明经雨水冲刷流失的氮素是在堆体内从上至下传递，最后由底层流失，所以会在中层有一定的富集。这也说明，经雨水冲刷后流失的氮素不光是随雨水冲刷的径流流失，还有很大一部分是通过在进入堆体的雨水向下渗透逐步流失出去的。可见采用高堆的方式，可以使氮素在堆体内一定程度的富集，阻碍氮素的流失，对控制流失有一定作用。可以看出，表层和底层（50cm 处）的磷都在快速流失，且流失趋势比较一致，说明磷主要从堆体的表层和底层流失。而中层（30cm 处）的磷含量也与氮一样，出现震荡且有富集的趋势，因此，采取高堆的方式对控制氮磷的流失都有一定的作用。

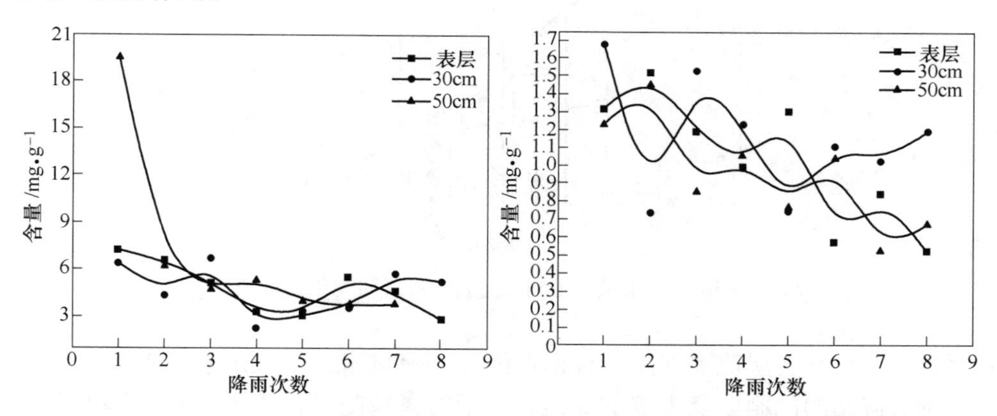

图 3-5 不同堆层全氮含量随时间变化趋势　　图 3-6 不同堆层全磷随时间的变化趋势

降雨条件影响（图 3-7 和图 3-8）：畜禽粪便中全氮含量从最初的 11.5mg/g，经 9 次降雨后，降低到 4mg/g，流失率达 65%。全磷含量从初值 1.72mg/g，经 9 次降雨后下降到 0.8mg/g，流失率达 53%，并且最后两次降雨后，全磷含量基本趋于稳定，说明磷流失已达到最大临界值。可见，畜禽粪便在自然堆置没有任何防护措施的条件下，雨水冲刷是造成氮素、磷素流失的主要环境因素。

综上所述，畜禽养殖废物在没有防控措施的自然堆沤状态下，造成氮磷流失的主要途径是降雨冲刷。经过 9 次人工模拟降雨，实验堆体的氮含量和磷含量分别损失了 53%、65%，且堆沤在土壤表层的堆体比水泥表层的流失严重，堆体底

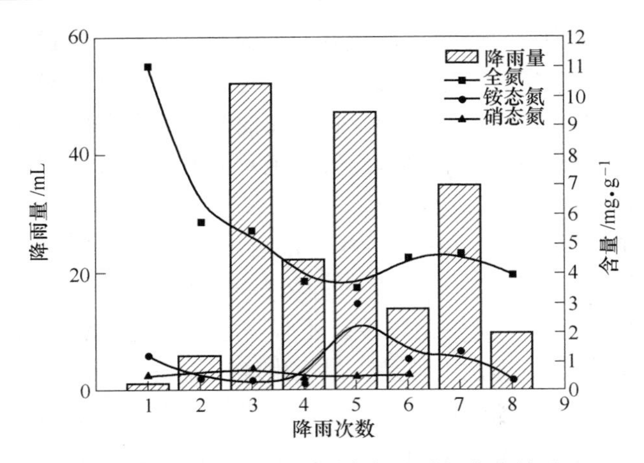

图 3-7　降雨量与不同形态氮的时间变化关系

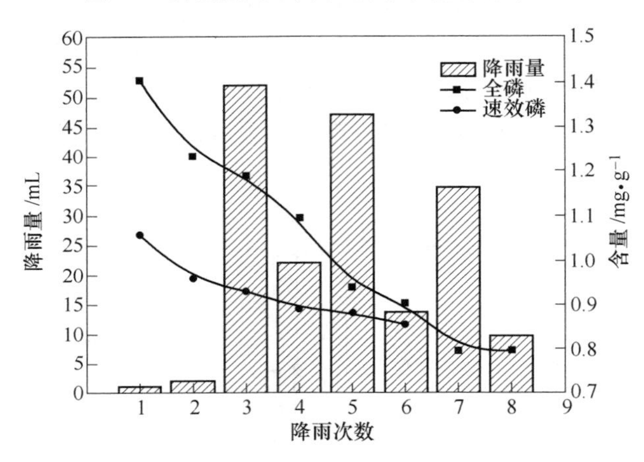

图 3-8　降雨量与不同形态磷随的时间变化关系

层粪便比中层和表层流失严重。根据洱海北部流域畜禽粪便随意堆置的实际情况，随着降雨的冲刷以及土壤的渗透，大量的氮磷随径流进入流域水体进入洱海，潜在污染效果巨大。因此，要从根本上减少农村面源污染入湖负荷，必须规范当地农户养殖卫生习惯，在调整养殖结构的基础上，对养殖废物进行有效收集、处理、利用，管理部门同时配以相应的奖惩措施，以提高养殖户使用堆沤池的积极性。

3.3　本章小结

本章对农村种植-养殖-农产品加工及居民生活各模块所涉及的数据参数进行了研究，所得数据参数一部分经实验测得，另一部分则是经过大量的文献查阅得到的平均值，因此，数据具有真实性、普遍性，能够反映当地的真实情况。本研究中实测所得数据与其他研究中数据存在一定的误差：一方面是由于固体废物的实验分析方法目前没有统一标准，另一方面与研究区域内的居民生活习惯和种植、养殖习惯密不可分。畜禽养殖废物在没有防护措施的自然堆沤状态下，造成养殖废物氮磷流失的主要原因是降雨冲刷，且堆沤在土壤表层的堆体比水泥表层的流失严重，堆体底层粪便比中层和表层流失严重。因此，要从根本上减少农村面源污染入湖负荷，必须规范当地农户养殖卫生习惯。

4 氮磷元素流模型构建

4.1 建模方法

4.1.1 模型思路

在深入研究 ORWARE 模型（Dalemo 等，1997）、BIOWARE（罗钰翔，2010）的基础上，进一步结合生命周期评价方法，以输出系数模型和元素流分析为理论基础，以元素氮、磷在研究区域内人类活动过程（作物收获、畜禽养殖、农产加工、居民消费）中的产生、流动、排放及存在状态分析为主线，建立洱海北部流域农村有机固体废物元素流分析模型（Organic Solide Waste Research，ORSOWARE）。以生命周期评价的基本思想确定系统边界，研究洱海北部流域从农作物收获到有机固体废物还田。本研究所涉及系统包括农村居民活动和消费过程各节点有机固体废物的环境污染物产生和治理；其中将人类活动涉及的范围分为种植模块、养殖模块、农产品加工模块、农村居民生活四个模块，环境污染治理涉及这四个模块产生的全部有机固体废物的处理处置，也包括部分由有机固体废物间接产生的废水排放（畜禽养殖废水、人类）；各模块产品与非食品行业之间的物质交换、进出口等带来的物质和元素流动归类于研究系统与外界环境的物质交换，该部分在本书中不考虑。

针对多层次、复杂的系统结构研究时，通常选用元素流分析法。农村地区有机固体废物主要来源于农村居民的生产生活消费过程，本书所涉及的系统包括了农村地区从农作物的收获、加工、消费到有机固体废物的产生、处理、最终处置的物质生命周期全过程，涉及的有机物和废物种类繁多、过程复杂，是一个多层次的宏观分析系统。因此，本书选择农村居民食物消费为主要驱动因素，从种植作物、牲畜养殖、农产品加工到居民生活全过程所产生的有机固体废物进行元素 N、P 物流分析为主要线索，系统的将元素流动与有机固体废物的环境污染排放和治理关联起来。

ORSOWARE 模型的准确性检验主要是通过各节点的物质守恒确定。在各节点质量平衡方程的构建上，以热力学第一定律即物质守恒原理为原则进行物料平衡，计算公式可表示为：输入 = 输出 + 累积 − 释放（Kleijn R. 2000；Liu Y，2004）。

4.1.2 模型基本假设

系统边界——本书系统范围的确定以农作物收获为起点，以有机固体废弃物还田为终点，系统横向包括种植模块、养殖模块、农产品加工、居民生活，纵向分为有机食物、有机固体废弃物、处理处置过程；即将农村食物消费过程分为种植单元、养殖单元、农产品加工单元和居民生活等四个单元，环境污染治理过程涉及这四个单元产生的有机固体废弃物的处理处置。

模型基本假设：

（1）社会经济系统不发生结构性变化，运输和设备总能耗不发生变化，不考虑设备和运输能耗变化；

（2）不考虑食品及饲料加工过程物料、元素损失及损失所造成的环境影响，不考虑系统对外输出物质的环境影响；

（3）采取资源化工程措施后，产生的二次废物交叉处理，不直接还田；

（4）不考虑生物质燃料焚烧过程的能耗及能量利用问题；

（5）现状污染计算中，在废物还田后，不考虑元素从土壤到农作物之间的迁移转化情况。

4.1.3 模型结构

ORSOWARE 模型在横向计算上分为四个阶段，包括元素的输入、流动、输出和环境影响。元素的输入部分主要用于核算物质和元素平衡；流动和输出部分之和在理论上应该等于单元输入物质和元素的总量；输出部分另外一个重要的作用即在废物量的基础上结合经济、社会条件分析该单元废物资源化潜力；环境影响部分在综合前三个部分结果的基础上核算该模块氮磷对水体和温室气体排放的贡献量，进而分析该单元对大气、水体所造成的环境影响。本书 ORSOWARE 模型纵向分为种植模块、养殖模块、农产品加工和居民消费四个子模型，各模型均包括横向四个阶段（见图 4-1）。

种植模块包括农作物从田间收获、收获过程秸秆类有机固体废物的处理处置过程；洱海流域内种植结构单一，种植模块作物主要包括水稻、玉米、蚕豆、大蒜、小麦等。在收获的过程中，植物秸秆除大蒜秸秆就地焚烧以外，玉米秸秆全部还田、稻草和小麦秸秆部分饲用，部分用于厨用燃烧，豆秆全部饲用。

养殖单元包括禽畜养殖及养殖废弃物的污染治理过程。洱源地区奶牛养殖业发达，主要牲畜包括奶牛、生猪、马、驴、骡和羊，家禽主要以蛋鸡、蛋鸭为主，其余畜禽较少。养殖模块的输入主要来自种植作物或饲用秸秆、农产品加工模块饲用物质及居民生活模块的厨余垃圾等各种饲用物质，也包括来源于非食物消费过程、研究系统以外的牧草、青饲料、矿物饲料等。由养殖模块进入农产品

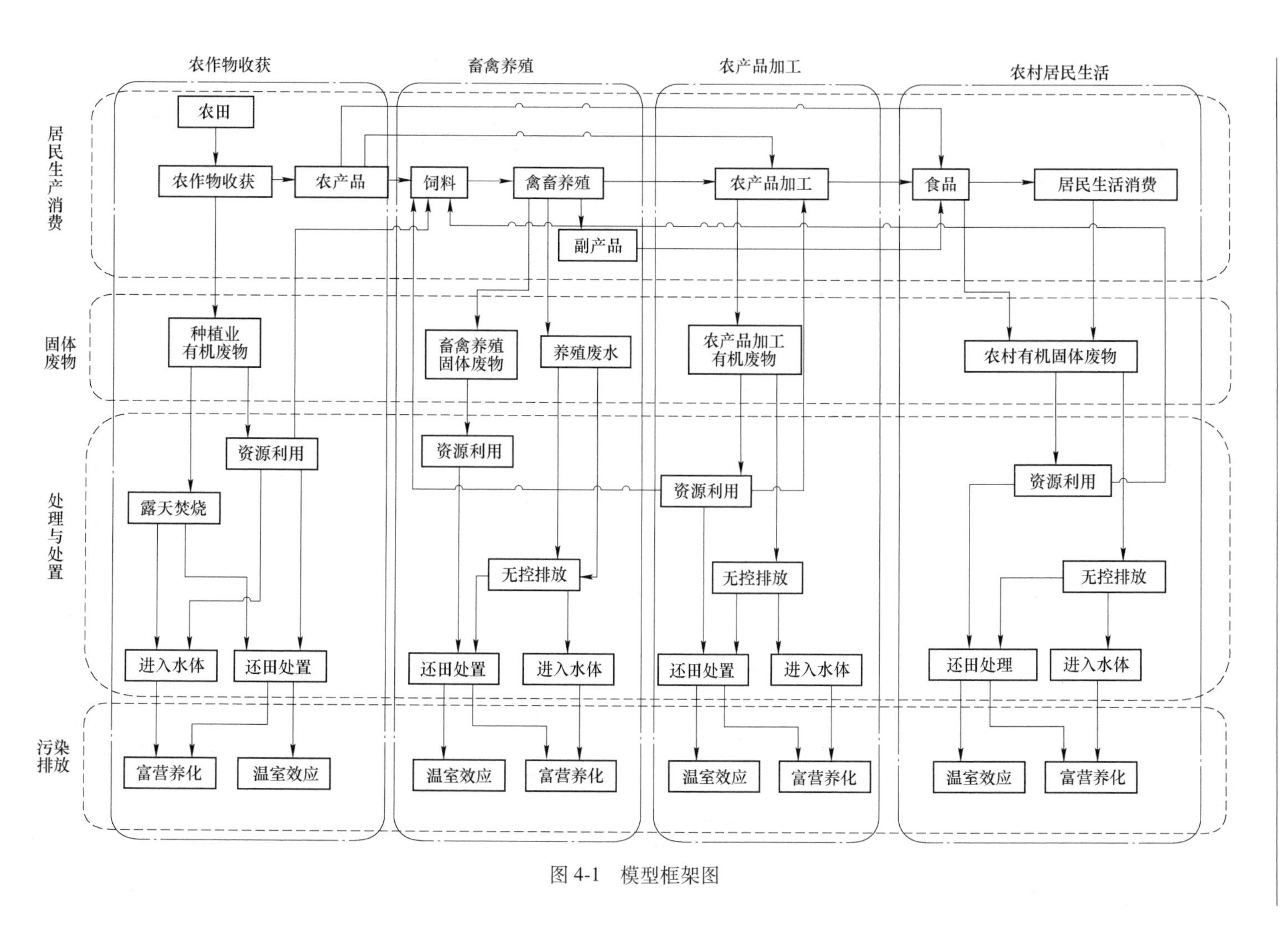
农作物收获
畜禽养殖
农产品加工
农村居民生活
居民生产消费
固体废物
处理与处置
污染排放
农田
农作物收获
农产品
饲料
禽畜养殖
副产品
农产品加工
食品
居民生活消费
种植业有机废物
畜禽养殖固体废物
养殖废水
农产品加工有机废物
农村有机固体废物
资源利用
露天焚烧
无控排放
进入水体
还田处置
还田处理
富营养化
温室效应

图 4-1　模型框架图

加工单元的物质主要包括畜禽活体，直接进入居民生活模块的副产品主要包括乳类、禽蛋。本书中牲畜粪和便分开讨论分析，畜禽尿直排造成氮磷流失导致富营养化，畜禽粪在无雨条件下主要以气态形式流失排放温室气体，因此，流失主要包括畜禽尿液（书中表现为冲圈水）和粪便堆置过程中的气态损失和自然流失量。洱海流域内养殖单元有机固体废物的资源化利用措施主要包括沼气利用、直接还田和自然堆肥等方式。

农产品加工模块主要是对农作物、养殖产品和副产品进行加工，并生产出适于居民直接消费的食品以及对加工过程产生的有机固体废物的处理处置过程。农产品加工过程主要有谷物碾磨、压榨、酿造、屠宰等。主要有机固体废物包括谷物的壳芯、麦麸、米糠、饼粕和动物的废弃骨血、羽毛。加工过程产生的谷壳和稻壳废物部分饲用、部分燃料利用，酒糟、饼粕、米糠、麦麸之类在系统内全部饲用。主要处理利用方式是畜禽饲料、燃料、工业原料、丢弃（按直接还田计）。

农村居民生活单元主要包括居民食物消费和有机固体废物的处理处置。农村居民生活产生的有机固体废物主要考虑果蔬废物、厨余垃圾以及人类排放的粪便。根据实地调查结果，人类粪便的主要处理利用方式为直接还田，农户家庭餐厨垃圾全部用于饲养牲畜，没有外排；居民粪便均进行了收集，以简易旱厕收集为主，对环境的影响主要是粪便在堆置过程中挥发的气体。因此，农村生活单元中对环境影响主要考虑人粪便的直接还田。

4.2 模型算法

4.2.1 特殊有机物的氮磷含量算法

本书中一部分数据是通过实地实验测得，另外一部分通过大量查阅文献获得，其中大部分植物籽粒和肉类的氮磷含量没有直观的数据统计，而是给出蛋白质、脂肪等的含量；磷含量在食品营养类手册中通常给出直观值，而在土壤、肥料类手册中则以 P_2O_5 的形式给出。同时又由于不同研究者对不同有机物和有机固体废物的氮、磷元素含量的报道差异较大，数据在选取时需要经过仔细甄别、换算，在对数据质量进行判断的基础上，选用算术平均值、典型值或可信度最高的取值作为生物质元素含量的典型值。

中国食物成分表（中国食物成分表，2004）给出了蛋白质含量的测定方法，文章所涉及的有机物氮元素含量计算公式见式（4-1），各种有机质的蛋白质折算系数见表 4-1，磷含量采用式（4-2）进行计算。式（4-1）和式（4-2）是本书氮、磷元素含量计算中的基本公式。

$$\text{氮含量} = \text{蛋白质含量} \div \text{蛋白质折算系数} \tag{4-1}$$

$$\text{磷含量} = P_2O_5\ \text{含量} \times 62/142 \tag{4-2}$$

表 4-1　蛋白质折算系数

物质名称	系数	物质名称	系数
全蛋	6.25	大豆	5.71
蛋白	6.32	麦类	5.83
蛋黄	6.12	玉米	6.25
肉类	6.25	稻米	5.95
乳类	6.38	其他豆类	6.25

4.2.2　计算环境污染潜势

参照美国环境保护局（U.S. Environmental Protection Agency，U.S. EPA）的换算标准，在分析有机固体废物的富营养化影响时，将水体污染排放量化为单位统一的磷酸根当量 PO_4^{3-}-eq；总氮（Total Nitrogen，TN）、总磷（Total Phosphorous，TP）的富营养化潜势取值分别为 TN 0.42kg/kg PO_4^{3-}-eq 和 TP 3.06kg/kg PO_4^{3-}eq（Guinée J B. 2002）。

为了使评估结果与《联合国气候变化框架公约》下的国家温室气体排放清单一致，根据 IPCC 的计算标准，有机固体废物的温室气体排放采用全球增温潜势（Global Warming Potential，GWP），以二氧化碳当量（CO_2-eq）为单位，CH_4、N_2O 的取值为 25kg/kg CO_2-eq、298kg/kg CO_2-eq（Guinée J B. 2002）。有机固体废物在贮存过程中挥发的 NH_3 和 NO_x 会导致间接性的排放 N_2O，（NH_3、NO_x 在空气中经过挥发、再沉降，在土壤和水体表面发生还原反应生成 N_2O）。参照 IPCC 2006 国家清单指南中的缺省值方法计算此类温室气体间接排放量（IPCC 2006.），排放因子取缺省值 0.010kg N_2O-N/kg N（Solomo S D，2007）。

4.2.3　农作物种植模块

4.2.3.1　农产品

本书中所有物质的氮、磷元素含量均采用式（4-3）进行计算，农产品年产量取值来源于 2008 年洱源县和大理市统计年鉴，所有固态物质重量以干重计。

$$\text{有机物质元素量} = \text{有机物质量} \times (1 - \text{含水率}) \times \text{元素含量系数} \tag{4-3}$$

$$\text{秸秆元素产量} = \text{秸秆产量} \times \text{元素含量系数} \tag{4-4}$$

$$\text{秸秆产量} = \text{农产品产量} \times \text{秸粮比} \tag{4-5}$$

式中，秸粮比取值参考表 4-2。

表 4-2 种植模块输入参数——秸粮比

秸秆	秸粮比	秸秆	秸粮比
稻草	0.90	薯类藤蔓	0.50
麦秸	1.10	甜菜茎叶	0.27
玉米秸	1.20	油菜秆	1.50
其他谷物秸秆	1.60	蔬菜残余物	1.08
大豆秸秆	1.60	向日葵秆	3.00
蚕豆秸秆	2.00		

注：李艳春，2011；毕于运，2008；罗钰翔，2010；袁振宏，2005。

各种农作物的直接食用消费量由《中国农村住户调查年鉴 2008》（国家统计局，2008）中的人均消费量乘以常住人口获取。配合饲料的使用量取 27709t（洱源县、大理市 2008 年统计年鉴），其中配合饲料中农作物成分含量利用比例参照表 4-3 所示数据。

$$\text{其他谷物畜禽饲用量} = \sum(\text{当年配合饲料使用量} \times \text{其他谷物比例}) \quad (4\text{-}6)$$

表 4-3 配合饲料中其他谷物利用比例 （%）

饲养对象	猪	牛、马、羊等	家禽
其他谷物比例	3.9	9.0	11.0

注：陈永福，2004；中国饲料粮研究报告。

洱海北部地区种植结构单一，豆类种植以蚕豆为主，大豆其次，且大豆的种植面积非常小。经济作物以大蒜为主，因此，豆类作物的种植仅为了满足自身消费需求。豆类种植产品在系统内消费，不做出售。

$$\text{蔬菜出售系统外量} = \text{蔬菜年产值} / 2.5 \quad (4\text{-}7)$$

2008 年大蒜的全国市场平均价为 2.5 元/kg，洱海北部蔬菜种植以大蒜为主，本书选取大蒜的市场价 2.5 元/kg 代表所有蔬菜。

根据现场调查结果，洱海北部地区薯类种植量较小，以马铃薯为主，全部系统内直接食用；油料作物种植目的仅为了满足农户自家食用油需求，因此油料作物全部系统内消耗；薯类、油料作物、其他蔬菜类直接食用量均采用式（4-7）计算。

4.2.3.2 有机固体废物及利用

洱海北部流域主要种植模块有机固体废物的处理利用方式以及利用比例如表 4-4 所示。

$$\text{秸秆总产生量} = \sum(\text{不同农产品产量} \times \text{秸粮比}) \quad (4\text{-}8)$$

表 4-4　2008 年洱海北部地区各种秸秆处理利用情况

秸秆	燃烧	直接还田 （包括丢弃、垫圈）	牲畜饲料
大蒜秸秆	全部		
稻草	49%	46.2%	1.8%
麦秸	48.9%	50.1%	
豆秆			全部
玉米秸	45.1%	38%	10.9%
烤烟		全部	
薯类藤蔓	9.3%	35.7%	53.2%
油菜秆茎	45.1%	37.2%	17.7%
向日葵秆茎	全部		

洱海流域农村地区厨房烧饭依然用薪柴做燃料，因此，研究区域内燃烧的秸秆一部分用作薪柴，另一部分以露天焚烧的方式处理。且大蒜秸秆因含有大蒜素，不易于饲料用，研究区内农民均对其采取就地露天焚烧方式处理。豆类秆茎因含有较高营养，农户则全部粉碎后用于牲畜饲料。玉米秆茎在研究区内也没有较好的处理方式，一部分燃烧，一部分堆弃（本书视为直接还田）。除大蒜外的蔬菜类秆茎计入农村生活单元进行计算。稻草和麦秸一部分燃烧，一部分铺垫牛（猪）圈（视为堆肥），秸秆用于造纸企业不属于本书边界内物质流动，因此本书不予考虑。

$$秸秆某处理方式的利用量 = 秸秆量 \times 该方式利用比例 \qquad (4\text{-}9)$$

式中，秸秆利用比例参考表 4-4。

4.2.3.3　作物秸秆环境影响

A　直接还田造成的环境影响

还田处置是农村有机固体废物资源化处理利用和处置的最终手段，洱海流域内秸秆的处理方式主要是燃烧（包括就地露天燃烧、灶内燃料）和直接还田（包括丢弃、粉碎还田）。有机固体废物还田后在土壤中的降解过程复杂，受到土壤微生物、土壤温度、氧气量等因素的限制，并与有机废物的化学特性有较大关系（刘另更，1999）。根据相关研究者的报道（陈敏鹏，2005；鲁如坤，1996；柳敏，2007；陆日东，2007），有机固体废物在一年时间尺度内的降解和温室气体排放基本趋于稳定，有机固体废物中糖类、蛋白质、纤维素等易降解组分的半衰期通常为 2~3 个月；木质素等难降解组分的半衰期通常为 1.5~2 年（罗钰翔，2010），最终进入土壤碳库。因此在一年的时间尺度，农村地区有机固体废物降解排放的温室气体以及因水土流失、土壤淋溶带来的富营养化排放基本趋于稳定，且属于有机固体废物直接还田造成的环境影响；有机固体废物还田处置一年时间之后产生的污染物排放属于土壤碳库和土壤淋溶流失的环境影响（罗钰翔，2010）。有机固体废物直接还田造成环境影响的元素量采用式（4-10）计算。

$$排放物污染元素量 = 还田元素量 \times 还田排污系数 \quad (4\text{-}10)$$

式中，还田排污系数见表4-5。

表4-5 有机固体废物还田排污系数 （%）

类别	温室气体		富营养化	
	N_2O-N	NH_3-N	TN	TP
秸秆	1.0	20.0	7.5	1.5
畜禽粪便	1.8			

注：IPCC，2006；张洪源，1986；祖守仙，1990；陈敏鹏，2007；陈敏鹏，2007，D；鲁如坤，1996；柳敏，2007；陆日东，2007；李长生，2003；樊银鹏，2008；迟凤琴，1996；林明海，1985；邹建文，2005；杜春先，2005。

本书没有对洱海北部流域内的有机固体废物进行相关的温室气体排放和水体流失规律研究，仅对不同类别的农村有机固体废物对环境造成的影响进行了区分，因此不考虑同一种类别不同生物的有机废物还田处置存在的差异。

B 燃烧造成的环境影响

本书中所述“燃烧”包括秸秆就地燃烧和用于家庭燃料燃烧。秸秆燃烧是农村地区重要的能源获取方式之一。由于本书只考虑氮、磷元素流动和环境影响，因此秸秆燃烧的气态产物不考虑碳氧化物，只考虑 N_2O、NH_3 和 NO_x。燃烧产生的温室气体元素量运用式（4-11）进行计算，本书假设氮元素的燃烧产物包括 N_2O、NH_3 和 NO_x。燃烧产生的氮素类化合物和燃烧灰渣的元素量采用式（4-11）和式（4-12）进行计算。

$$气体排放物元素量 = 燃烧物料元素量 \times 燃烧排污系数 \quad (4\text{-}11)$$

式中，燃烧排污系数参考表4-6。

表4-6 种植模块秸秆燃烧排污系数 （%）

固体废物类别	燃烧类别	N_2O	NH_3	NO_x
秸秆	露天焚烧	0.01	0.078	0.334
	灶内薪柴	0.007	0.13	0.136

注：罗钰翔，2010；IPCC，2006；Yan X，2006；王书肖，2008；Streets D G，2003；Zhang J，2000；De Zarate I O，2005；Li X H，2007；李兴华，2007；Wang X H，2004；高广生，2007；Zhao G M，2007；Streets D G，1998。

燃烧灰渣元素量 = 生物质废物燃烧处理元素量 − 气体排放物元素量　(4-12)

4.2.4　畜禽养殖模块

该模块的输入主要是牲畜吃进体内的物质，包括未加工的种植产物、秸秆、饲料、玉米面和厨余等，该单元中农作物饲用比例来自本研究调查结果；来自家庭生活单元的餐厨垃圾全部饲用；青饲料量、牧草和矿物饲料饲用量均来自大理市和洱源县 2008 年统计年鉴；养殖废物粪和尿分开讨论，对畜禽尿的研究和计算主要是为了物质平衡。洱海流域内分散养殖废水全部直接排放；环境影响部分主要包括畜禽粪便散堆过程气态损失对大气影响、废水排放对水体影响、直接还田对水体和大气的影响。

4.2.4.1　系统外输入

畜禽养殖单元的主要输入就是饲料，包括作物秸秆、农产品及厨余。本研究在分析系统内饲料的基础上，为保持系统输入输出物质平衡，对系统外饲料也进行了分析核算。系统外饲料包括酒糟、青饲料和牧草，这里牧草指的是林间草地或耕地草地，酒糟从系统外购买。各类饲料元素量计算公式如下：

饲料元素量 = 直接饲用农作物元素量 + 农产品加工饲料 + 餐厨垃圾 + 酒糟 + 青饲料　(4-13)

直接饲用农作物元素量 = 农作物元素产量 × 饲用比例　(4-14)

式中，饲用比例数据参考表 4-4。

饲用秸秆量 = $\sum$ 秸秆产生量 × 饲用比例　(4-15)

式中，饲用比例数据参考表 4-4。

青饲料元素量 = 青饲料种植面积 × 青饲料产率 × 氮磷含量系数 × (1 − 含水率)　(4-16)

式中，氮磷含量系数参考表 4-7。

牧草元素量 = 牲畜数量 × 个体年牧草食量 × 氮磷含量系数 × (1 − 含水率)　(4-17)

式中，氮磷含量系数参考表 4-7。

表 4-7　系统外饲料相关参数　(%)

名称	产率/kg · 公顷$^{-1}$	含水率	N 含量	P 含量
青饲料	25300	82.4	2.01	0.37
牧草		12.7	2.12	0.24

注：http://wenku.baidu.com/view/8e3edbf6f61fb7360b4c65f9.html；罗钰翔，2010；王洪涛，2006；非常规饲料的开发与利用研究组，1996。

需要说明的是玉米面和豆面属于农产品加工行业，其元素含量计算归入农产品加工过程考虑；餐厨垃圾属于农村生活单元，其计算归入农村生活中考虑。

4.2.4.2 养殖产品和副产品

畜禽养殖产品和副产品主要包括畜禽活体的肉、血、骨头、下水和羊毛、羽绒、禽蛋、牛奶，畜禽活体直接进入农产品加工，即为农产品加工单元的输入；禽蛋、牛奶产生量数据来源于年鉴，其中一部分为输出系统，一部分直接进入农村生活单元，在养殖单元不产生有机固废和环境影响。羽绒产生量数据来源于大理市、洱源县2008统计年鉴，羽绒全部为输出系统，但为保持系统输入输出平衡需进行计算。

$$\text{羽绒元素含量总量} = \sum(\text{家禽饲养数量} \times \text{屠宰率} \times \text{羽毛分割比例} \times \text{羽绒元素含量系数}) \quad (4\text{-}18)$$

式中，屠宰率和羽毛分割比例参考表4-8；羽绒元素含量系数参考表4-9。

表4-8 禽畜分割各部分比例表 (%)

类别	屠宰率	净肉	血	皮/毛	骨	下水
猪	72.7	66.24	3.5	10.14	5.83	14.29
牛	56.94	46.45	4.73	9.38	10.49	28.95
羊	51.66	39.93	4.51	12.46	11.73	31.37
马	51.05	38.39	6.81	7.34	12.66	34.80
驴、骡	46.25	35.90	5.35	9.89	10.35	38.51
鸡	71.25	57.63	4.74	8.35	13.62	15.66
鸭	72.56	58.94	4.74	6.0	13.62	16.70

注：罗钰翔，2010；牛若峰，1984；詹应祥，2001；杨树猛，2008；林家栋，2008；文香，2005；杨会国，2007；王建华，2007；王瑞琦，1991；叶再华，2008；闫晚姝，2002；崔泰保，1993；解德文，1995；张滨，2003；石学刚，2007；程池，1998；黄小波，2008；肖秀芝，2003；Nitsan Z，1981。

表4-9 家禽羽毛相关参数

名称	产率	含水率/%	N含量/$mg \cdot g^{-1}$	P含量/$mg \cdot g^{-1}$
家禽羽毛	7.48	41.5	138	3.4

注：中国畜牧业年鉴，2008；牛若峰，1984；俞路，2007；吴桂林，1988。

4.2.4.3 有机固体废物及处理处置

农村地区散养产生的畜禽粪和便通常混合处理，其宏观产生量和计算方法已经在2.2节中已有论述。由于洱海流域内上规模的畜禽养殖场较少，主要是奶牛、蛋禽、肉禽养殖和生猪养殖，本书对规模化养殖的分类没有按照国家《中国畜牧业年鉴》进行，假定处于本流域内的已注册法人的养殖场均为规模化养殖。截至 2008 年 11 月底，规模化养殖共有 25 家，其中生猪养殖场 13 家、蛋禽养殖场 12 家、肉禽养殖场 2 家、奶牛养殖场 2 家。根据实地调研情况，这些规模化养殖场内均建设有粪便收集设备，但是都没有任何处理措施的露天设备。

畜禽粪便的处理利用现状在 2.3 节中已经进行过计算和论述，在此处仅对畜禽养殖废水的产生进行计算。需要说明的是，本书主要对象是农村有机固体废物，在此计算养殖废水并不多余，一方面保证系统元素守恒，另一方面是为了更全面地分析养殖业对环境造成的影响。计算如式（4-19）和式（4-20）所示。

规模化养殖废水元素量 = 规模化养殖粪便产生量 × 养殖废物流失系数　　（4-19）

式中，养殖废物流失系数参考表 4-10。

表 4-10　畜禽粪便流失系数　　（%）

类别	牛		生猪		羊		马驴骡		家禽
粪尿	粪	尿	粪	尿	粪	尿	粪	尿	粪
流失系数	6.5	60	5.3	56.7	5.2	50	56	56	8.4

注：刘培芳，2002；IPCC，2006；武淑霞，2005；Xing G X，1999；张大弟，1997；周建，2008；Gac，2007。

分散养殖废水元素量 = 分散养殖数量 × 冲圈水氮磷含量系数 × 饲养周期　　（4-20）

式中，冲圈水氮磷含量系数参考 3.2.3 节中表 3-4 数据；饲养周期参考 2.2.1 节中数据。

表 4-10 所示相关研究者实验所得畜禽散养条件下氮磷流失系数，其中固态粪便以气态流失为主，尿液以液态流失为主。在 3.2.3 节中已有散养牛的冲圈水实验数据，且在 3.2.6 节中对牛粪的流失系数进行了研究，此处不再列入表格。

4.2.4.4　环境影响

洱海北部流域养殖废物的最主要处理利用方式是自然无控堆沤 4~6 个月后还田，其次是户用沼气和少量中温沼气工程，对环境具有较大影响的过程主要是粪便自然堆肥过程的气体挥发、散养废水的直接排放、沼液沼渣还田后的影响。其中畜禽粪便的宏观产生量和各类型处理处置量已在 2.2 节和 2.3 节中进行过计算。流域内由于坡地较多、种植结构单一，大量的畜禽粪便产生以后不能及时回田，因此粪便普遍以自然堆放方式处理，且没有任何防护措施。粪便自然堆放过程产生的气体主要有 N_2O、NH_3，气体元素产生量计算公式如下：

$$\text{自然堆肥 } N_2O \text{ 挥发量} = \text{粪便自然堆肥量} \times N_2O \text{ 挥发系数} \tag{4-21}$$

$$\text{自然堆肥 } NH_3 \text{ 挥发量} = \text{粪便自然堆肥量} \times NH_3 \text{ 挥发系数} \times 17/14 \tag{4-22}$$

式中，N_2O 挥发系数和 NH_3 挥发系数参考表 4-11 数据。

表 4-11 畜禽粪便自然堆肥条件下气体排放系数参数表

类　别	猪	奶牛	羊	马驴骡	禽类
N_2O 排放系数/kg·头$^{-1}$	0.145	0.358	0.209	0.770	0.005
NH_3 排放系数/%	31.8	21.6	5.6	8.9	31.2
畜禽粪流失系数/%	5.3	5.7	5.2	56.0	0

注：刘培芳，2002；IPCC，2006；武淑霞，2005；Xing G X，1999；张大弟，1997；周建，2008；Gac，2007。

沼气发酵产物沼液沼渣的最终处置是还田，沼气发酵过程气体挥发量以及沼液沼渣的还田处置量计算公式如下：

$$\text{沼气发酵过程 } NH_3 \text{ 挥发量} = \text{沼气工程处理元素量} \times \text{厌氧发酵 } NH_3 \text{ 挥发系数} \times 17/14 \tag{4-23}$$

式中，NH_3 的挥发系数取 10%。

畜禽养殖模块有机固体废物还田产品包括简易堆肥产物和沼液沼渣，还田的环境影响主要是直接或间接排放的氮素类温室气体，还田后的环境影响计算方法在 4.2.3.2 节中已有论述；散养废水、冲圈水全部直排进入水体，环境影响主要为氮磷污染导致的富营养化威胁。研究系统的环境影响部分将在第 5 章专章分析。表 4-11 为本节引用的气体挥发系数参数表。

4.2.5 农产品加工模块

该模块的输入项主要包括农作物种植模块的各种产物以及畜禽养殖模块的畜禽活体等物质，农产品加工模块输入物质包括大部分玉米、豆类，稻谷、小麦和油料作物等。谷物和玉米的加工以碾磨为主，碾磨产物主要为玉米面和豆面，根据当地实际情况玉米面和豆面全部用于饲养牲畜，各种面粉和大米的产生量数据来源于大理市和洱源县 2008 年统计年鉴。

4.2.5.1 农产品加工

（1）作物碾磨。碾磨类种植产品主要包括稻谷、小麦、玉米、蚕豆，主要产品包括大米、面粉、玉米面、豆面，副产品主要有稻壳、米糠、麦麸、玉米蛋白、玉米麸，计算公式（4-24），公式中的碾磨产物包括所有由碾磨所产生的产品和副产品（农业经济手册，2008）。

$$碾磨产品元素量 = 农作物元素量 \times (1 - 含水率) \times 产品产率 \times 元素含量系数 \tag{4-24}$$

式中，碾磨产品的氮磷元素含量系数参考 3.2.4 节中表 3-5 数据。

碾磨产品中全部的大米、面粉和部分的玉米面、豆面直接进入居民生活模块，除了稻壳直接还田以外，薯类面粉和所有碾磨副产品全部进入养殖业模块作饲料。各种产品产率取值参考相关报道（祝滨滨，2007；肖志刚，2008；刘晓俊，2006），取值分别为稻壳 20%、米糠碎米 10%、大米 70%、麦麸 20%、面粉 75%、次粉 5%。

（2）作物压榨。洱海北部流域主要压榨原料仅大豆、油菜籽和葵花籽。根据实地调查结果，大豆榨油率为 45%，油菜籽和葵花籽全部用于榨油。流域内食用油和压榨饼粕类物质的计算公式如式（4-25）和式（4-26）所示。

$$食用油产生量 = 作物压榨量 \times 出油率 \tag{4-25}$$

$$压榨产饼粕量 = 作物压榨量 \times 出饼率 \tag{4-26}$$

相关研究曾报道（罗钰翔，2010），大豆的出油率为 16.5%、出饼率 73.8%，油菜籽出油率 35%、出饼率 55%，葵花籽出油率 35%、出饼率 63%。作物压榨产生的副产品中豆粕、葵花粕因其营养成分较高且不含有毒物质全部作为饲用，而菜籽粕因其含有毒成分而不被利用，本书视菜籽粕直接还田。

（3）其他加工业。洱海北部流域内只有一家谷物酿酒厂，截至本研究结束时尚未建设，因此不予考虑。农产品加工业还包括食糖压榨和调味品酿造，而在本研究区域内未调查到此类企业。

4.2.5.2　畜禽产品加工

进入农产品加工模块的畜禽产品主要指畜禽活体，加工方法为屠宰分割，屠宰分割产物主要有净肉类、血、骨头、皮毛和下水。屠宰分割产生的净肉作为食品进入农村生活模块，鉴于中国居民素有食用畜禽骨头、血和下水的生活习惯，因此部分骨头、血和下水直接进入农村生活模块。畜禽分割产生的骨头可以加工生产磷源饲料，畜禽血以及禽类羽毛可以加工生产蛋白饲料（罗钰翔，2010）。骨粉饲用量通过配合饲料中骨粉添加比例 1.5%（中国食物供求与预测）进行计算，配合饲料来源于洱源县和大理市 2008 年统计年鉴数据。根据相关报道（食物成分表，1963；俞路，2007；吴桂林，1988；刁治民，2000；杨文龙，1996；王兴红，1995；赵晓芳，2002），畜禽血的饲用比例取值 25%，禽类羽毛、羊毛、皮类和羽绒是重要的工业原料，属于系统对外的输出；羽绒利用只考虑鸭的羽绒收集和利用，产率取 0.0493kg/只，收集率取 82%。羽绒工业利用量计算公式（4-27）：

$$羽绒工业利用量 = 鸭饲养量 \times 0.0493kg/只 \times 82\% \tag{4-27}$$

畜禽屠宰分割产品除了直接食用部分、饲用部分、输出系统部分以外，剩余部分畜禽血和下水视为全部直接还田。

畜禽屠宰数量以2008年北部流域七乡镇的出栏量为准，根据相关研究报道（许俊香，2005；侯万泉，2000；葛长荣，1998；娄佑武，2001），其中生猪出栏平均体重在95~100kg，本研究取100kg；肉牛屠宰体重在450kg；羊的屠宰体重在50kg；马驴骡的屠宰平均体重为400kg；鸡鸭的屠宰体重取1.7kg。

4.2.5.3 环境影响

农产品加工业产生的主要废弃物包括稻壳、部分畜禽血和可食用内脏，洱海北部农村地区畜禽屠宰废弃的血和可食用内脏一般采取土地掩埋方式处理，本书视其为还田，还田造成的环境影响计算方法如前文所述。实地调查洱海北部流域内无专业的畜禽屠宰工厂或者商店，因此本研究在计算屠宰过程中畜禽血、畜禽内脏的环境污染影响时，以居民实物消费过程的废弃量为主，不考虑畜禽血、内脏在畜禽屠宰过程的废弃量。

4.2.6 农村生活模块

农村生活单元的输入包括来自种植模块的玉米、蚕豆、薯类等，来自农产品加工单元的大米、面粉、食用油、畜禽肉、血和动物内脏等，来自养殖业的副产品禽蛋、奶类等。禽蛋和奶类产量来源于大理市和洱源县2008年统计年鉴，其余数据在前文已有计算。根据《中国农村住户调查年鉴》中以上各种食物的人均消费数据，洱海北部流域农村居民生活单元2008年食物消费量计算公式为：

$$\text{系统内居民食物消费总量} = \sum \text{人均消费量} \times \text{常住人口} \tag{4-28}$$

畜禽血的食用比例取10%（程池，1998），畜禽下水的食用消费比例参见表4-12。

表4-12 禽畜产品消费比例和丢弃比例 （%）

<table>
<tr><th>类别</th><th>消费比例</th><th>丢弃比例</th></tr>
<tr><td>猪肉</td><td>82.8</td><td rowspan="2">11.3</td></tr>
<tr><td>猪下水</td><td>7.79</td></tr>
<tr><td>牛肉</td><td>90.9</td><td rowspan="2">7.71</td></tr>
<tr><td>牛下水</td><td>0.82</td></tr>
<tr><td>羊肉</td><td>93.2</td><td rowspan="2">7.18</td></tr>
<tr><td>羊下水</td><td>1.50</td></tr>
<tr><td>鸡</td><td>100</td><td>57</td></tr>
<tr><td>鸭</td><td>100</td><td>52</td></tr>
</table>

注：袁学国，2001；徐世卫，2005；王延耀，2003；蒋爱民，2000；中国预防医学科学院，1992；陈辉，2007；路光，2008。

4.2.6.1　人体元素积累

根据物质守恒原理，元素输入应该等于积累量和输出量之和，人口增长是系统元素沉积的直接表现，本书计算元素沉积量是为了核算模型的准确度。其计算公式为：

元素沉积量 =（本年末人口数 − 本年初人口数）× 体重均值 × 人体元素含量系数　（4-29）

式中，体重均值为 42.64kg；人体氮素含量系数取 3%、磷素取 1%。

4.2.6.2　有机固体废物产生和处理

A　厨余垃圾

由于蔬菜类产品易腐败、不宜久存，在运输、食用过程中有一部分会腐烂或因清洗产生废弃物，相关研究（张峭，2006；武云亮，2007）报道其在收获和运输过程中可损耗 40%~50%，蔬菜类垃圾产生量计算公式为：

蔬菜垃圾产生量 = 蔬菜产量 × 40%　（4-30）

现场调查发现，流域内农户通常将蔬菜类垃圾与其他生活垃圾混合丢弃，本研究视蔬菜类垃圾直接还田。人类对食物进行加工和食用的过程中通常会产生两类废弃物：一类是食物中不能食用的部分，另一类则是食物可食用部分但是浪费的部分。农村居民在食用过程中产生的有机固体废物计算公式为：

食物消费有机固体废物产量 = 食物消费量 × 不能食用部分比例 + 食物消费量 ×（1 − 不能食用部分比例）× 丢弃比例　（4-31）

式中，丢弃比例参考表 4-13 数据。

表 4-13　居民食物食用过程丢弃系数　（%）

类别	鸡/鸭	排骨	玉米	豆类	薯类	蔬菜	向日葵	禽蛋
不可食用比例	34.4	42	25	16.2	20	8.6	40	10
类别	米饭	面食	蔬菜	猪肉	牛肉	羊肉	禽肉	禽蛋
丢弃比例	11.45	11.29	14.4	11.13	7.5	7.2	9.4	9.6

注：罗钰翔，2012；蒋爱民，2000；中国预防医学科学院，1992；陈辉，2007；路光，2008；许世卫，2005；王延耀，2003；袁学国，2001；章世元，2008。

根据本研究实地调研结果，洱海北部流域内畜禽养殖量大，厨余垃圾全部回到养殖模块饲养牲畜。

现实中人类在食用畜禽屠宰产品的时候，经常会产生一定数量的浪费。本书中畜禽产品在使用过程中浪费或被遗弃成分的计算系数采用相关报道（袁学国，

2001）中研究数据（如表4-12所示）。

B 人类粪便

人类粪便的排泄量的计算原理同畜禽粪便，人粪便排泄系数取值，来源于《农业经济技术手册》（牛若峰，1984），计算公式为：

$$人粪便年产生量 = 人粪便排泄系数 \times 人口数量 \times 365 \quad (4\text{-}32)$$

式中，人粪便排泄系数参考2.2.1节所述。

4.2.6.3 环境影响

农村生活单元主要废弃物是餐厨垃圾和人类粪便，餐厨垃圾全部用于饲养牲畜，而人类粪便的最终处置方式为还田。洱海北部流域内人类粪便的主要储存和处理方式是经旱厕储存后还田，由于化粪池为露天式、农户出粪时间没有规律，本书视其为全部直接还田。有机废弃物还田处置的环境影响在前文中已做详细论述。根据相关报道研究结论（钱承樑，1994；王振刚，2005；北京农业大学，农业化学总论），人类粪便储存过程中 NH_3 的挥发系数取0.1、N_2O 取0.01。

$$人粪便化粪池\ N_2O\ 挥发量 = 人粪便产生量 \times N_2O\ 挥发系数 \quad (4\text{-}33)$$

$$人粪便化粪池\ N_2O\ 挥发量 = 人粪便产生量 \times NH_3\ 挥发系数 \times 17/14 \quad (4\text{-}34)$$

4.3 本章小结

针对洱海北部2008年农作物收获—畜禽养殖—农产加工—居民食用全过程有机固体废物产生、处理、利用等实际情况，构建了洱海北部流域内主要有机固体废物氮磷元素流分析模型（ORSOWARE）。ORSOWARE模型以有机固体废物为研究对象，根据生命周期评价原理选取农作物收获为起点、有机固体废物还田为终点的系统研究边界，以氮、磷元素的物质流动为主线，对农村居民种植、养殖、食用过程中各节点有机固体废物的产生、处理全过程进行系统性的分析研究，将农村居民的生产活动与有机固体废物的产生及处理处置各环节对水体污染和温室气体贡献作用紧密联系起来，研究框架设计明确、逻辑合理，研究内容完整，能够宏观地、科学地对2008年洱海北部流域内有机固体废物的资源潜力和各环节氮磷污染物对水体富营养化和温室气体贡献进行定量化研究。

5 洱海北部流域氮磷元素流分析

在构建了洱海北部流域氮磷元素流分析模型 ORSOWARE 模型以后，本章利用该模型模拟计算洱海北部流域 2008 年农作物收获—畜禽养殖—农产加工—居民食用全过程有机固体废物氮磷的产生、处理处置以及对水体富营养化和温室气体贡献的现状，重点分析洱海北部流域各模块有机固体废物氮磷对水体富营养化以及温室气体贡献量的结构，分析系统富营养化污染和温室气体排放量和排放结构，明确洱海北部流域富营养化污染物和温室气体排放的关键途径和重点环节，为制定具有针对性的、高效的控制措施提供基础支撑。

ORSOWARE 模型所有参数来源于实验和文献调研相结合。在建模过程中，对模型中所有节点均设置平衡项，用热力学第三定律——质量平衡方程验算各节点输入输出是否平衡，确保模型的准确性。2008 年研究系统内的元素通量是 2527. 15t N 和 438. 97t P，其中 89. 3%的氮素和 80. 63%的磷素是来源于植物生产者和初级消费者的物质输入，即农作物产品和畜禽产品的输入。

5.1 洱海北部流域各模块氮磷元素流分析

5.1.1 种植模块氮磷元素流分析

根据 2008 年各输入项数值和种植模块模型参数可计算出种植模块 2008 年氮、磷元素产生量。2008 年洱海北部流域内农业种植模块共产生农产品干重 558341t，其中氮素产生量 3955. 6t、磷素产生量 859. 8t。种植模块有机固体废弃物作物秸秆产生量干重 273612t，氮素产生量 3143. 95t，磷素产生量 482. 18t。各种作物秸秆的干重、氮素、磷素含量见表 5-1。

表 5-1 2008 年洱海北部流域种植模块有机固体废物氮磷产生量 (t)

类别	干重	氮素	磷素
稻草	77510. 9	890. 681	252. 330
麦秸	32777. 3	376. 645	45. 122
其他谷物秸秆	6757. 9	77. 656	1. 918
玉米秆	21888	251. 516	20. 121
大豆秆	10944	125. 758	5. 030

续表 5-1

类别	干重	氮素	磷素
蚕豆秆	16416	188. 637	11. 318
油菜秆	18604. 8	213. 789	14. 538
烟草秸秆	1094. 4	12. 576	0. 050
马铃薯秸秆	9685. 44	111. 296	3. 940
向日葵秸秆	437. 76	5. 030	0. 008
蔬菜（含大蒜）	73653. 12	846. 351	227. 838
青饲料	3283. 2	37. 727	0. 453
其他	547. 2	6. 288	0. 013
合计	273600	3143. 95	482. 18

种植模块造成环境影响的部分包括直接还田秸秆、废弃秸秆和堆肥后还田秸秆三种。根据 4. 2. 3. 2 节中核算出的各种有机固体废物的利用途径和利用比例，2008 年洱海北部流域内种植模块有机固体废物燃烧量干重 97997. 19t，其中含氮素 1126. 09t、磷素 261. 57t，根据 4. 2. 3. 3 节中秸秆焚烧的温室气体排放系数，2008 年洱海北部流域内由秸秆燃烧造成的温室气体的排放量分别为 0. 957t N_2O、11. 71t NH_3 以及 26. 46t NO_x。秸秆燃烧产生草木灰作为优质有机肥料还田，其中草木灰氮素 1086. 963t、磷素 261. 57t；直接还田的秸秆干重 65101. 01t，其中氮素 748. 08t、磷素 148. 28t；因此，种植模块有机固体废物还田后的环境影响包括草木灰和直接还田秸秆两部分，根据 4. 2. 3. 3 节中有机固体废物还田后温室气体和富营养化污染排放系数，2008 年洱海北部流域内种植模块有机固体废物还田后温室气体排放量分别为 11. 194t NH_3、1. 835t N_2O，进入水体氮素 13. 763t、磷素 6. 15t。

5. 1. 2 畜禽养殖氮磷元素流分析

畜禽养殖单元的主要输入来自系统外的饲料，其中农作物秸秆饲料用量 39586. 7t（含氮 454. 89t、含磷 27. 75t）在种植模块已经核算过，青饲料取 10700t（含氮 177. 21t、含磷 32. 62t）、配合饲料取 27709t（取值来源于 2008 年大理市和洱源县统计年鉴），其中配合饲料主要成分是玉米面、豆面、麦麸、饼粕等，其氮磷含量在农产品加工模块给出计算结果（见表 5-2）。厨余垃圾饲用量在农村居民生活模块进行计算，农产品加工产物的饲料用量在农产品加工模块进行计算。

畜禽养殖模块主要有机固体污染物为畜禽粪和畜禽便，畜禽便（尿液）的计算是为了保证模型的元素守恒。

表 5-2　2008 年洱海北部流域畜禽粪氮磷总含量　　(t)

类别	干重	氮素	磷素
牛粪	99663.98	1415.08	233.66
猪粪	15437.02	313.32	87.07
羊粪	1851.74	48.51	7.04
马粪	1494.68	104.63	15.54
驴骡粪	3956.78	146.84	30.77
肉禽粪	318.85	6.9	2.11
蛋禽粪	533.72	7.7	2.38
合计	123256.8	2042.98	378.57

根据 2.1 节中问卷调查结果，畜禽粪的处理处置方式主要有简易收集堆沤后还田、沼气工程和户用沼气池，除了沼气工程和沼气化处理以外，其他的处理方式均为直接或间接还田。粪便简易堆存后还田是主要的处理方式，占调查用户的 85.3%，其中简易堆放中有 36%修建了户用堆沤池，但因池容小、无防雨盖等原因，使用率几乎为零，其余 49.3%的简易堆放无任何控制措施，养殖废物均是房前屋后、院内渠边随意堆置；沼气化处理粪便占 6.03%，其中户用沼气处理占 5.2%，七座中温沼气工程处理量占 0.83%（沼气工程的原料是牛粪，其利用量（湿基）在 2.4 节中已做计算），没有任何处理处置的占 3.97%。研究系统内的禽类饲养较为集中（养殖场），且鸡粪因其具有较好的饲用价值，因此，该部分有机固体废物饲用，饲用比例取 10%（参考文献：非常规饲料的开发和利用）。根据 4.2.4 节中相关计算公式，得出 2008 年畜禽养殖业有机固体废物的环境污染物排放量如表 5-3 所示。

表 5-3　2008 年洱海北部流域畜禽粪处理量及环境污染物排放量　　(t)

<table>
<tr><th colspan="2">污染物类别</th><th>沼气化后还田</th><th>简易堆肥还田</th><th>未经处理还田</th><th>总计</th></tr>
<tr><td rowspan="2">温室气体</td><td>N_2O</td><td>—</td><td>89.91</td><td>4.18</td><td>94.09</td></tr>
<tr><td>NH_3</td><td>1.23</td><td>371.01</td><td>17.27</td><td>389.51</td></tr>
<tr><td rowspan="2">还田后进入水体</td><td>TN</td><td>9.15</td><td>96.13</td><td>0.447</td><td>105.73</td></tr>
<tr><td>TP</td><td>0.34</td><td>22.28</td><td>1.04</td><td>23.66</td></tr>
</table>

根据表 5-3 计算结果，2008 年洱海北部流域由养殖业有机固体废物直接或间接排放的温室气体 NH_3 共 389.51t、N_2O 共 94.09t。养殖有机固废直接或间接还田所排放的富营养化污染物 TN 共 105.73t、TP 共 23.66t。

对畜禽便的核算是为了模型各节点的平衡计算，因本书的研究对象为农村固体废物，因此畜禽便的污染负荷不计入本书模型对环境的污染排放量中。根据问卷调查结果，洱海北部流域内 92.1%的养殖废水未经任何处理直接排放，即 17155.34t 畜禽尿，其中总氮 2520.72t、总磷 131.55t。由此可见，农村地区普遍分散养殖、粗放管理的模式已造成大量的畜禽养殖污水直接排放进入流域水体，总氮、总磷含量很高，对受纳水体造成的污染影响严重，应当引起应有的重视（见表 5-4）。

表 5-4　2008 年洱海北部流域畜禽便氮磷总含量

畜禽类别	尿干重/t	氮素含量/t	磷素含量/t
牛	13952.96	2374.79	79.41
生猪	2219.06	32.62	49.88
羊	665.88	83.23	1.88
马	88.83	11.26	0.07
驴	42.47	4.31	0.06
骡	186.15	14.50	0.25
总计	17155.34	2520.72	131.55

5.1.3　农产品加工氮磷元素流分析

农产品加工模块的输入物质主要有来自种植模块的谷物等，来自畜禽养殖模块的畜禽活体、副产品等。根据 4.2.5 小节中各种农作物加工和畜禽屠宰过程的各种参数取值，得出 2008 年洱海北部流域农产品加工模块输入干物质量和元素含量（见表 5-5）。

表 5-5　2008 年洱海北部流域农产品加工模块氮磷元素输入分析　（t）

农产品加工业	原料类别	干重	氮素	磷素	用途
谷物碾磨	大米	2217.23	64.65	5.85	食用
	淀粉	1518.83	124.63	22.07	食用
	植物油	506.20	4.52	0.63	食用
	稻壳	6334.94	184.72	16.73	工业原料
	米糠	3167.47	92.36	8.36	饲料
	麸质饲料	405.02	33.23	5.89	饲料
	饼粕	806.50	7.59	1.07	饲料
	小计	14956.19	511.7	60.6	

续表 5-5

农产品加工业	原料类别	干重	氮素	磷素	用途
畜禽屠宰	畜禽肉	5281.58	580.84	2.92	食用
	畜禽血	180.29	25.13	0.03	食用、丢弃
	畜禽骨	1998.60	123.71	245.83	饲料加工
	畜禽皮毛	2325.06	170.77	10.83	工业原料
	畜禽内脏	1171.72	107.92	0.85	食用、丢弃
	其他①	51.74	4.62	1.69	丢弃
	小计	11008.99	1012.99	262.15	
养殖副产品	牛奶	14255.12	935.14	100.78	食用
	禽蛋	277.97	25.74	0.18	食用
合 计		40963.97	2527.15	438.97	—

① 包括畜禽屠宰过程冲洗的血水和丢弃的内脏类物质。

农产品加工行业产生的固体废物种类繁杂，谷物碾磨产生的固体废弃物包括壳、糠、麸等，总产生量为 10713.93t，此类废弃物在当地主要用于牲畜饲料，不排入环境。畜禽屠宰过程产生的废弃物干重 51.74t（其中氮素 4.62t，磷素 1.69t），此类废弃物主要是屠宰过程中冲洗的血水、废弃的内脏、废弃的骨头，在农村地区的主要处理方式为混合堆肥。根据前文的堆肥过程中元素流失的计算方法，该部分废弃物堆肥过程渗滤流失的氮为 0.185t、磷为 0.003t，堆肥过程氮素以 NH_3 的形式挥发进入大气中的量为 0.924t。

5.1.4　农村居民生活氮磷元素流分析

农村居民生活原料来源于种植产品、畜禽产品和副产品以及农产品加工业产品，也就是说，种植模块、养殖模块和农产品加工模块产品中除了饲料以及出售部分以外全部输入农村居民生活模块进行消费。根据农村住户调查年鉴 2009（国家统计局农村社会经济调查总队，2010；孔凡春，2011）中云南省主要农畜产品的直接消费比例、出售比例，计算出当年农村居民生活子系统的输入、输出元素流分析结果如表 5-6 和表 5-7 所示。

表 5-6　2008 年洱海北部流域居民生活输入氮磷元素流分析　(t)

食品类别	直接食用量	氮素	磷素
大米	1170.7	34.14	3.09
淀粉	343.26	28.17	4.99
蔬菜	1399.41	16.08	4.33
植物油	367.48	3.28	0.46

续表 5-6

食品类别	直接食用量	氮素	磷素
畜禽肉	1997.13	221.92	8.12
畜禽血	36.057	5.026	0.007
畜禽内脏	58.01	5.36	0.04
牛奶	7.13	0.47	0.003
禽蛋	125.24	1.16	0.008
总计	5379.18	314.44	21.04

注：包括畜禽屠宰过程冲洗的血水和丢弃的内脏类物质。

居民生活模块产生的有机固体废物包括人类粪便和厨余垃圾，人类粪便和厨余垃圾氮磷产生量计算结果如表 5-7 所示。

表 5-7 2008 年洱海北部流域居民生活氮磷元素污染产生分析 (t)

类别	名称	丢弃（浪费）量	氮素	磷素
家庭厨余	大米	134.05	3.91	0.35
	淀粉	38.75	3.18	0.56
	蔬菜	201.52	2.32	0.62
	植物油	36.75	0.33	0.05
	肉类	211.43	23.28	0.87
	畜禽血、内脏	7.90	0.87	0.004
	合计	630.4	33.89	2.45
人类粪便	人粪	8819.6（干重）	555.64	229.31

由于本书所涉及的农村地区畜禽养殖业较为发达，家庭厨余垃圾（餐厨垃圾）的处理以饲养牲畜为主，没有直接排放，因此，居民生活模块的有机固体废物环境污染主要来自人类粪便堆沤过程的气态污染物挥发和肥料还田以后的渗滤流失。根据第 4 章中还原处置的计算方法，2008 年洱海北部流域内人类粪便在化粪池处理及施入农田的过程中氮素将以 NH_3 的形态损失 30.89t、以 N_2O 的形态损失 3.09t，损失的 NH_3 和 N_2O 进入大气环境增加温室效应潜势，人类粪便还田以后将在淋溶、渗滤作用条件下流失 TN 量 231.71t，流失 TP 量 3.52t。

5.2 研究系统元素流平衡分析

5.2.1 系统元素输入结构分析

以农村居民种植、养殖、消费的一系列活动及在活动过程中产生的污染物环境影响为研究系统，研究的起点是农作物收获、终点是有机固体废物还田，因此，根据物料衡算的原理，属于研究系统外的输入物质只有养殖模块的酒糟、青饲料和配合饲料。系统内循环再利用物质主要包括农产品、农作物秸秆、畜禽分割产物、畜禽饲养副产品以及居民生活产生的果蔬、剩饭菜等有机固体垃圾，在物料衡算过程中不考虑。

由表 5-8 计算数据可知，2008 年洱海北部流域从系统外摄取氮、磷元素量分别为 1232. 51t 和 234. 69t，摄入量较大。从另一侧面反映，盲目添加饲料也将导致畜禽饲养效率、经济效益的降低（见表 5-9）。

表 5-8　2008 年洱海北部流域氮磷元素输入量汇总表　　(t)

类别	名称	氮元素	磷元素
输入	系统外饲料	1232. 51	234. 69
系统输入元素合计		1232. 51	234. 69

表 5-9　2008 年洱海北部流域氮磷元素通量汇总表　　(t)

类别	名称	氮元素	磷元素
系统内利用量	种植模块	454. 89	27. 75
	养殖模块	7. 7	2. 38
	农产加工	326. 98	43. 87
	居民生活	348. 33	23. 49
	合计	1137. 9	97. 49

由食物消费产生的物质循环是系统内元素通量的重要补充，减少了人类对自然界物质的掠夺开发。2008 年洱海北部流域内由人类消费过程输出的废弃物再利用的氮、磷元素量分别占研究系统元素通量的 32. 58%、17. 42%。人类食物消费排放的有机固体废物是系统再利用物质的来源，有效地补充了饲养牲畜所需的蛋白饲料和磷源饲料。

5. 2. 2　系统氮磷元素排放结构分析

氮、磷元素主要以气体、液体和固体的形式输出系统并排放到环境中，并最终以气态和液态形式污染环境。气态排放物主要来源于有机固体废物在自然发酵过程挥发的气体 NH_3 和 N_2O。液态排放物则主要来源于人类粪便、养殖过程直接排放的畜禽尿液、冲圈水和有机固体废物在堆存过程中产生的渗滤液。

2008年洱海北部流域内由有机固体废物产生的氮、磷污染排放总量分别为899.22t、33.38t。其中以气体形式排放的氮元素占总排放量的60.92%，以水体形式排放的氮元素占总排放量的39.08%。由表5-10的计算数据可以看出，养殖模块气体排放和水体排放的氮素、磷素远远高于其他三个模块，这与当地奶牛、生猪等牲畜的养殖量大、畜禽粪便产生量大有密不可分的关系。养殖模块是研究区域内污染最为严重的部分，应当引起有关部门的高度关注并加大处理处置力度。表5-10中给出的养殖模块尿排放产生的氮磷污染量不计入有机固废的环境影响总量，在此只做模型平衡分析用途。

表5-10 2008年洱海北部流域有机固体废物氮磷污染排放量汇总表 (t)

类别	名称	氮元素	磷元素
气体排放	种植模块	50.32	0.00
	养殖模块	462.62	0.00
	农产加工	0.924	0.00
	居民生活	33.98	0.00
	小计	547.84	0.00
水体排放	种植模块	13.76	6.2
	养殖模块	2520.72（尿）	131.55（尿）
		105.72（粪）	23.66（粪）
	农产加工	0.185	0.003
	居民生活	231.71	3.52
	小计	351.37	33.38
系统内污染排放总计		899.22	33.38

表5-11所示为本书系统对外输出元素总量分析，洱海北部流域地区2008年氮、磷元素输出系统总量分别为1434.30t、193.11t，其中农作物种植模块主要内容是大米、小麦、蔬菜等的销售，而农产品加工模块主要输出系统内容包括农

表5-11 2008年研究系统氮磷输出汇总表 (t)

类别	名称	氮元素	磷元素
输出系统外	种植模块	1249.58	176.38
	农产加工	184.72	16.73
	小计	1434.30	193.11
系统输出总计		1434.30	193.11

注：“输出系统外”部分表示种植作物出售至本系统外的部分、农产品加工产物输出系统外用作工业原料的部分。

作物加工副产品的出售、工业原料用量和畜禽肉类的出售量。

2008 年洱海北部流域农村居民种、养、消费过程中有机固体废物排放的氮、磷结构如图 5-1 所示，养殖模块排放的氮、磷居首位，其氮、磷排放量远远高出其余三个模块的排放量。由此可见，由于洱海北部流域农村地区目前对畜禽养殖废物的处理均采用直排的形式，造成了大量的氮、磷流失，畜禽养殖所造成的环境污染问题应当引起相关部门的重视并加以规范管理。

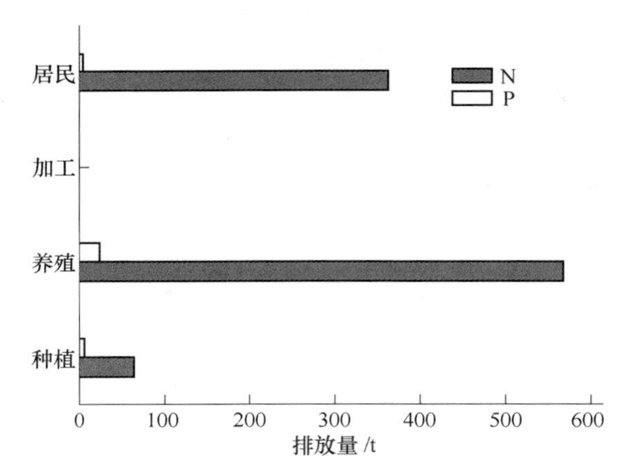

图 5-1　2008 年洱海北部流域各模块氮磷污染排放结构分析

5.2.3　系统氮磷元素流平衡分析

系统氮磷元素流共分为四个部分，包括输入、系统内循环利用量、输出系统外（产品出售、工业原料等）以及排放进入系统环境等四个部分。根据物质守恒原理，系统输入的物质应该与系统存量、输出排放量之和相等。但在本书中，由于研究系统中不包括土壤存量，因此，输入量与系统存量、输出及排放量之和存在较大误差。

由表 5-12 所示，2008 年洱海北部流域农村居民食物消费过程从外界摄入氮、磷元素量分别为 1232.51t、234.69t，系统对外界输送氮、磷元素量分别为 1434.3t、193.11t，人口增长带来的元素沉积量分别为氮 2.05t、磷 0.684t。最终，

表 5-12　2008 年洱海北部流域氮磷元素流平衡分析　　(t)

类　别	N	P
输入	1232.51	234.69
输出	1434.30	193.11
沉积量	2.05	0.684
盈余/亏损额	−203.84	70.90

2008 年研究系统氮亏损 203.84t，磷盈余 70.90t。磷大量过剩主要是因为禽畜饲养的过程中，系统内饲料用的植物性饲料本身并不缺乏磷元素，但植物性饲料中三分之二都是禽畜难以吸收的植酸磷，因此畜禽的生长需特意添加磷源饲料以补充畜禽生长所需有效磷（单安山，2005）。由于本研究系统不考虑氮素在大气—生物—土壤界之间循环沉积部分，因此，本书中氮素亏损符合实际。因此，本书模型计算结果出现的氮亏损、磷盈余与实际情况不矛盾，氮素平衡率达 85.81%，磷素平衡率达 82.57%，模型平衡率是可信的。

5.3 流域污染潜势分析

5.3.1 富营养化潜势分析

根据 4.1 节中所述计算方法和系数，总氮、总磷的富营养化潜势取值分别为 TN 0.42kg/kg PO_4^{3-}-eq 和 TP 3.06kg/kg PO_4^{3-}-eq。表 5-13 为 2008 年研究系统内富营养化污染潜势分析。

表 5-13 2008 年洱海北部流域有机固体废物富营养化污染潜势分析

水体污染物	系数 (PO_4^{3-}-eq)/kg · kg^{-1}	产生量/t	污染潜势 (PO_4^{3-}-eq)/t
TN	0.42	351.37	847.51
TP	3.06	33.38	

相关研究报道（中国农业科学研究院资源与环境规划所，2010）表明，国内湖泊、河流等污染严重的流域，农村养殖业、农田种植模块和城乡结合部的生活污水是造成水体富营养化的主要原因，其贡献率大大超过来自城市生活污水和工业废水的点源污染。因此，湖、海、河流水体的富营养化污染除了加强工业和城市废水的治理外，更要对污染物的多种排放途径及其对总量的贡献进行宏观的研究，多措并举，最终实现富营养化污染物的总量减排。2008 年洱海北部流域内因人类种植、养殖、消费驱动产生的氮、磷富营养化污染潜势为 847.51t PO_4^{3-}-eq，其中各部分富营养化潜势结构由图 5-2 所示。根据图 5-2 可知，系统内人畜粪便的直接排放是造成富营养化污染严重的主要原因，是农村面源污染控制的关键因素。

将固体废物的处理处置分为无控排放、资源化利用和无害化处理三种类型。有机固体废物的富营养化污染主要来源于处置方式不当，其本身不会造成直接的水体富营养化。本书中无控排放的富营养化污染物为 646.65t PO_4^{3-}-eq，占系统污染潜势总量的 79.03%，主要是人畜粪尿混合物的直接或间接排放，该部分污染是水体富营养化是治理的首要对象。资源化处理主要指有一定防护措施的间接还田。无害化处理包括填埋和焚烧等，无害化处理造成的富营养化污染物排放强度远远低于无控排放部分。

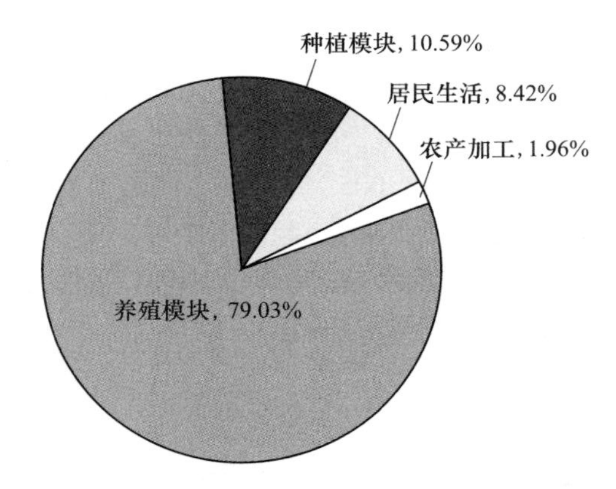

图 5-2　洱海北部流域各模块有机固体废物富营养化污染潜势结构图

洱海北部流域有机固体废物各种处理措施富营养化贡献结构，见图 5-3。

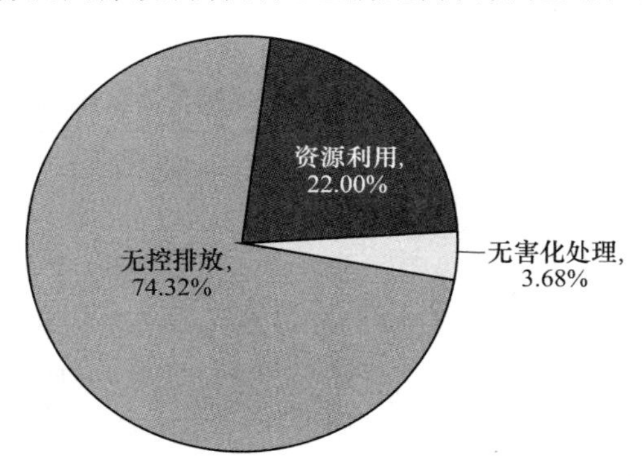

图 5-3　洱海北部流域有机固体废物各种处理措施富营养化贡献结构

5. 3. 2　温室气体增温潜势分析

IPCC1990 将 GWP 定义为“瞬间释放 1kg 温室气体在一定时间段产生的辐射强迫与对应于 1kg 参照气体辐射强迫的比值”，其中的时间定义为 20 年、100 年以及 500 年。国际上通常采用 CO_2 作为参照气体，通过模式计算各种温室气体的 GWP；设定 CO_2 的 GWP 为 1，其他温室气体 GWP 则通过计算获得。N_2O 的全球增温潜势采用《IPCC 第四次评估报告（2006）》给出的 100 年尺度上的全球增温趋势 298kg/kg CO_2-eq，N_2O 的间接排放量采用《IPCC 2006 国家温室气体清单指南 第四卷》缺省值 0. 010kg N_2O-N/kg(NH_3+NO_x)。

根据 ORSOWARE 的计算结果，2008 年洱海北部流域内有机固体废物在堆存、丢弃及还田过程中 N_2O 的排放量为 99. 99t，NH_3 和 NO_x 的排放量一共为 470. 69t。表 5-14 所示为 2008 年洱海北部流域有机固体废物中氮元素引起的温室气体全球增温潜势的计算结果。

表 5-14　2008 年洱海北部流域有机固体废物氮素温室气体贡献

气体	系数 $(CO_2\text{-eq})/kg \cdot kg^{-1}$	产生量/t	污染潜势 $(CO_2\text{-eq})/t$
N_2O	298	99.99	0.35
NH_3+NO_x	0.01/298	470.69	

温室气体的直接或间接排放包括四个模块产生的所有固体废物在处理处置过程中的气体排放。2008 年洱海北部流域养殖业固体废物中氮元素造成的温室气体增温潜势占总量的 75.9%，其次是种植模块固体废物占 12.88%和居民生活固体废物 10.22%（如图 5-4 所示）。在处理处置过程中氮元素在厌氧气氛下通过硝化反硝化作用产生 N_2O，而各种固体废物在贮存堆放过程中挥发的 NH_3 是导致 N_2O 间接排放的主要原因。

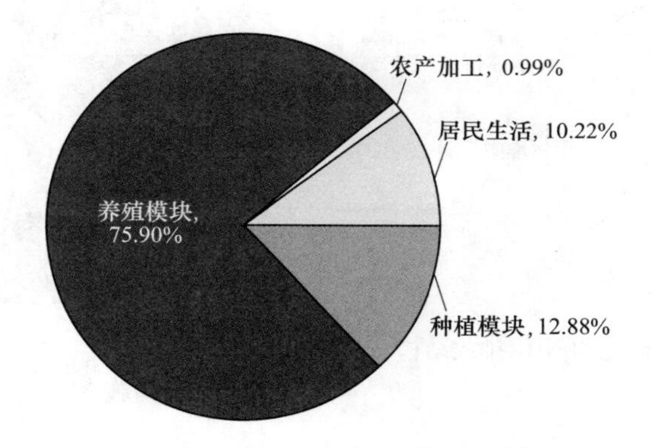

图 5-4　2008 年洱海北部流域有机固体废物氮素类温室气体贡献结构

2008 年洱海北部流域有机固体废物各种处理处置过程 N_2O 排放结构如图 5-5 所示，废物贮存和直接还田是 N_2O 最主要的来源。自然堆肥产物、沼液沼渣还

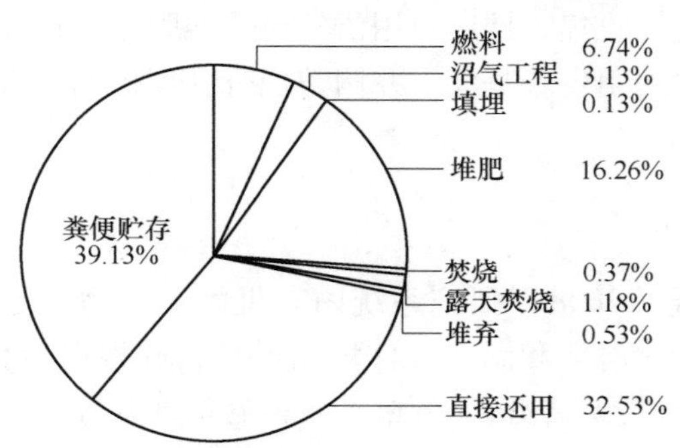

图 5-5　各处理措施的 NO_2 排放结构

田以及秸秆等的直接还田排放的 N_2O 占有机固体废物产生总量的 49.5%；人类及畜禽粪便堆放过程中释放的 N_2O 占 37.5%。本书系统内有机固体废物各种处理处置途径的 NH_3 排放结构如图 5-6 所示，NH_3 的排放源主要为人类和畜禽粪便在堆沤及处理处置过程，粪便堆沤过程挥发的 NH_3 占总排放量的 35.1%；另外，粪便的直接还田也会损失大量的 NH_3，占总排放量的 32.5%；自然堆肥后的还田排放量占 16.3%，也相对较高。

农村地区有机固体废物中 NO_x 的排放源主要为种植模块有机固体废物的燃烧（包括露天焚烧和灶内燃烧），因此燃烧是系统内 NO_x 排放的主要途径，该部分排放量占 NO_x 总排放量的 88.4%。因此农村地区 NO_x 减排的主要控制对象是废物的各种燃烧和露天焚烧（见图 5-7）。

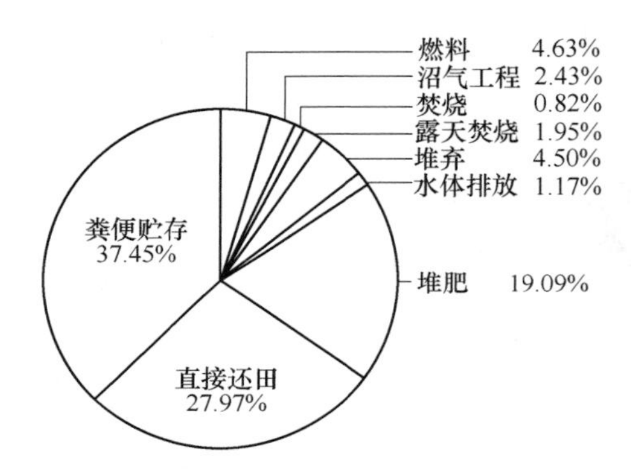

图 5-6　各处理措施的 NH_3 排放结构

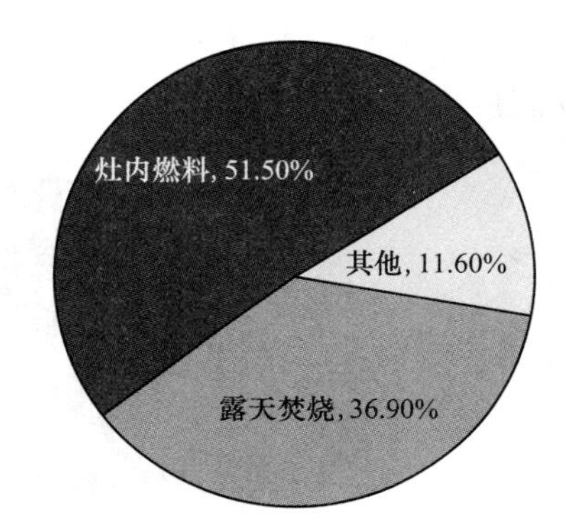

图 5-7　2008 年洱海北部流域各种处理措施 NO_x 气体贡献结构

综上所述，模型模拟结果与实际调查情况吻合，人畜粪便及作物秸秆的贮存、燃烧过程是造成温室气体直接或间接排放的主要途径。因此，针对农村地区的温室气体减排，需要从养殖模块和种植模块抓起，规范管理养殖废弃物的随意堆弃、无控排放，杜绝农作物秸秆的露天及灶内焚烧，提倡将畜禽废物和作物秸秆进行集中收集或适度收集，推广户用沼气池、堆肥池，建设适度规模的沼气发酵罐、有机肥厂、食用菌生产基地，并调整现行管理机制，做到经济、社会、环境效益一举三得。

5.4　本章小结

本章详细地分析了 2008 年研究系统内有机固体废物在处理处置过程中排放的污染物质的富营养化潜势和温室气体增温潜势，并根据计算结果对富营养化、温室气体排放的结构进行了分析，分析了各种处理处置方式对富营养化和温室气体排放的关系。根据 ORSOWARE 模型计算结果，2008 年洱海北部流域农村居民食物消费过程从外界摄入氮、磷元素量分别为 1232.51t、234.69t，系统对外界输送氮、磷元素量分别为1434.3t、193.11t，人口增长带来的元素沉积量分别为氮2.05t、磷0.684t。最终，2008年研究系统氮亏损203.84t，磷盈余70.90t，氮素平衡率达85.81%。磷素平衡率达82.57%，证明模型是可信的。2008年洱海北部流域有机固体废物氮磷对水体富营养化贡献量分别为氮899.22t、磷33.38t，富营养化潜势为847.51t PO_4^{3-}-eq。畜禽粪便的直接或间接排放是富营养化污染治理的首要控制因素。2008年洱海北部流域有机固体废物氮素引起的全球增温效应为0.35t CO_2-eq，作物秸秆的露天焚烧和人畜粪便的贮存过程是造成温室气体排放量大的直接原因。

6 有机固体废物污染控制对策研究

农村面源污染综合防治必须采取“固体废物循环利用（源头控制）—农村污水高效净化（过程削减）—农田控氮减磷（末端治理）—区域性综合示范（综合示范）”的系统控制原理。本书针对农村固体废物控制中的有机固体废物进行专项研究并设计控制对策，以“控源收集—技术减排—保障机制—集中示范”的系统控制原理，最终形成以控源减排、资源化利用为核心的有机固体废物资源化循环利用技术集成示范，以达到污染减排、改善环境的目的。

根据本书 ORSOWARE 模型的计算结果，洱海北部流域地区的主要污染源来自养殖模块的畜禽粪尿以及作物秸秆的不合理的处理处置。主要问题识别：

（1）畜禽粪便产生量大，没有合理的处理处置技术方案；

（2）农作物秸秆的露天燃烧和不合理燃烧造成大量温室气体排放。

因此本章在设计控制技术及对策时，以养殖业畜禽粪便和种植模块作物秸秆为重点控制对象，在源头收集控源的基础上，利用资源化技术进行过程控制，最后提出保障工程正常运行、稳定减排的管理模式。

本章主要依托研究区域内现有的农村固体废物处理处置工程：一方面利用成熟技术对现有工程进行技术、工艺过程改进，另一方面设计新的工艺技术并集成示范，在投入最小的条件下，达到经济、环境的最大收益。根据洱海流域现有工程（沼气池、堆沤池、食用菌基质利用）存在的问题，设计出 2 种类型的处理处置方式和措施，即控源收集工程（单户型收集池、适度集中型收集池和集中收集站）和资源化循环利用技术工程（堆肥化、基质化、沼气化）。控源收集工程的目的是实现有机固体废物的宏观收集，资源化技术则在收集的基础上实现废物从污染物质到优质资源的转化，并提高有机固体废物的转化和利用效率。

6.1 控源收集工程

畜禽粪便收集工程，是控制养殖废物 N、P 流失最基础最有效的源头控制工程。对其进行有效收集不仅可避免大量的畜禽粪便随意堆放所造成 N、P 流失进入湖泊，而且在污染负荷削减的基础上变废为宝、增加肥料回田率、提高肥效，实现养殖废物的资源化循环利用。为了从根本上解决流域畜禽散养废物面源污染问题，对区域畜禽养殖散养户排放的废物进行统一规划、强制监管、统一收集、集中处理。本书设计方案中提出的收集方式有户用型、适度集中型、集中收集型三种。户用型仅供单户型使用；适度集中型，不同养殖户中间有可拆卸的隔墙隔开，便于各户计量管理；集中收集型在满足收集能力的条件下供服务范围内的养殖户收费使用。

6.1.1 户用型收集工程

针对养殖密度较小地区内的分散养殖户，通过普及户用型堆沤池对养殖废物进行收集、自产自消（消纳，即肥料还田）。户用堆沤池由养殖户自主运营维护，在参加全民收集工程堆肥技术培训后，遇到需要帮助解决的技术问题时候，需付费请专业技术服务组进行指导。其模式如图 6-1 所示。

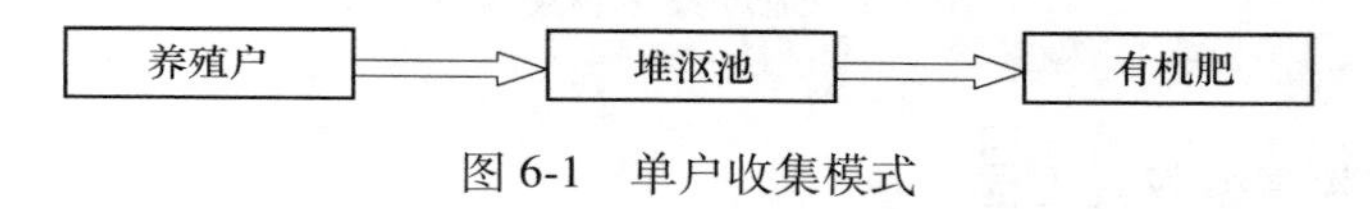

图 6-1 单户收集模式

本书提出三种废弃物收集方案无论是户用型收集、适度集中收集还是集中收集站收集模式，堆沤池的设计必须考虑到防雨、防漏、通风三个要素，依托现有户用型和适度集中型堆沤池进行改造设计，标准户用型堆沤池结构，其设计参数为：根据散户养殖数量建设于养殖户房前屋后的空地，每头牛占地 2.2m^2；池体呈斜坡状，坡度为 2%；池底斜坡较低一侧砖砌一个渗滤液收集池，上面加盖钢网后铺稻草。

6.1.2 适度集中型收集工程

养殖废物适度集中型收集工程适合建于养殖密度较大的地区，通过卫星图片将位置相对集中的养殖户连成收集片，养殖废物通过适度规模堆沤池进行适度的集中收集，该型堆沤池可供 10~30 户养殖户使用。根据各户养殖数量的不同，各户堆沤池容积分配量用可活动隔墙进行分割，以便农户养殖数量增加时容积增大。适度集中型比户用型规模更大、管理成本更低，利于养殖户之间自发形成对比、激励机制，使收集达到控源的实效。适度集中型收集模式详见图 6-2。

户用型堆沤池、适度集中堆沤池的设计与现有堆沤池体相比的优势在于：堆沤池体加顶（石棉网即可），顶盖的坡度 4%左右，以便于排放雨水并防止雨水冲刷所造成的粪尿溢出及元素流失；池体呈斜坡状，坡度 2%左右；池体底部设计有渗滤液收集池，斜坡利于渗滤液的收集；池体设计有门，可以完全封闭也可以抽风机进行通风。

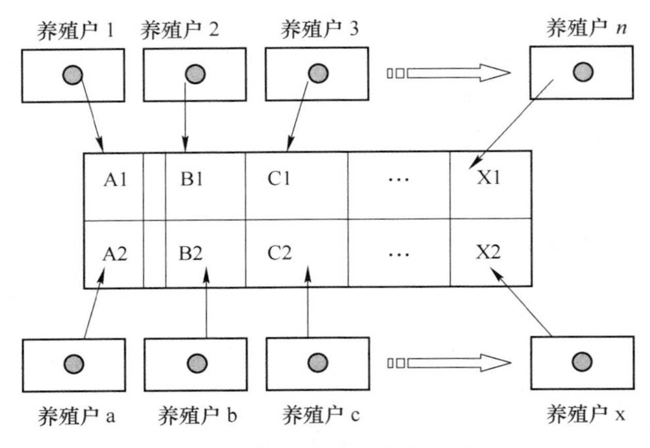

图 6-2　适度集中收集模式

6.1.3　集中收集型收集工程

畜禽粪便等有机固体废弃物含有重金属、病原菌、虫卵等有害物质，且含水量高、性质不稳定，直接农用不仅易引起环境的二次污染，还存在作物烧苗和病害等问题，应进行适当的预处理，建立集中收集站是对废物进行预处理最方便的方法。集中收集型主要针对规模化养殖场（如奶牛场、生猪养殖场等）或者一些养殖数量较多且养殖密度大的区域，目的是建设与有机肥厂配套的大型收集设施，其收集能力依据区域畜禽养殖数量而定。集中收集站是连接养殖户、养殖小区与有机肥厂、沼气站、食用菌厂等资源化工程的纽带，收集模式如图 6-3 所示。一些靠近集中收集站的养殖户，可以自行将养殖废物运往集中收集站进行处

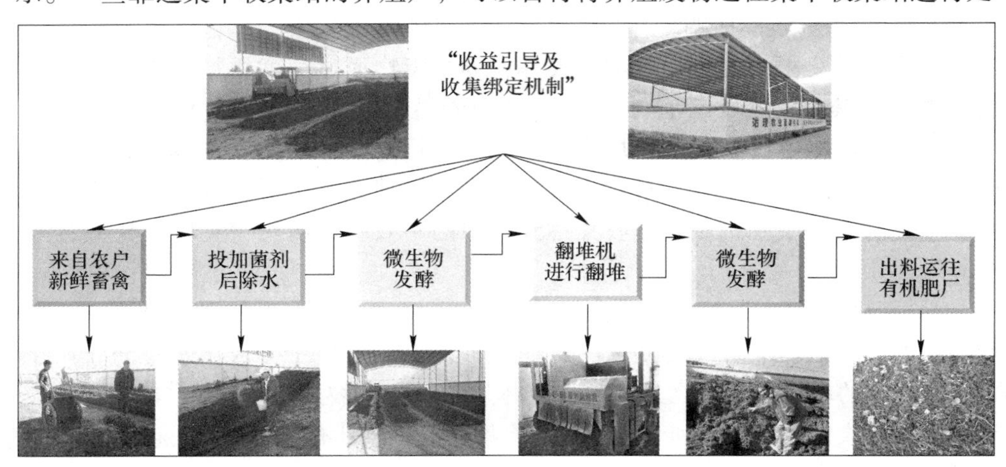

图 6-3　集中收集运营模式

理，收集站给养殖户发放一定数量的储粪桶，由养殖户将养殖废物运往收集站，储粪桶所有权归属集中收集站，养殖户享受使用权，如因养殖户人为因素出现的损坏则由养殖户进行赔偿。养殖废物进入集中收集站后，进行相应的预处理，主要是对养殖废物进行一定程度的干燥和分选。

各种收集设施特性见表 6-1。

表 6-1　各种收集设施特性对比

类型	优缺点	处理对象	单位收集成本/元 · t^{-1}
集中收集型	优点：收集量大，解决少数人就业，监管方便 缺点：臭气影响环境，占地面积大	规模养殖、集中养殖	2.0~2.5
适度集中型	优点：若干养殖户可随意组合，并根据各户养殖数量分配容量；占地面积小 缺点：养殖数量经常变化，管理不便	散养户	2.8~3.3
户用型	优点：结构简单、布置灵活，占地面积小 缺点：需培训，提高农户科学堆肥意识	零星养殖户	4.0~4.8

以上三种收集方式各有其优缺点，针对不同区域养殖、种植特征和居民生活习惯，应对三种收集系统因地制宜进行组合规划，可对广大农村养殖废物进行有效收集。

6.1.4　收集工程减排效果

收集工程设计的目标就是为了实现废物的宏观控制量达到项目要求，根据本研究设计的废物收集工程（防雨、防渗滤、收集尿液并通风），如果建设足够规模的废物收集装置，使研究区域内的养殖废物收集率达 80%以上，则收集部分的废物通过降雨冲刷、土壤渗滤等流失进入地表水体的污染物可视为零排放。表 6-2所示为收集率达到 80%后的水体污染减排对比。养殖废物堆肥过程所排放的温室气体减排量在 6.2 节中进行计算。

表 6-2　收集工程的水体氮磷污染减排量对比　(t/a)

项目	处理方法	排放量		削减量
		尿类	粪类	
TN	现状	2520.72	105.73	2101.15
	收集达标后	504.14	21.15	
TP	现状	131.55	23.66	124.17
	收集达标后	26.31	4.73	

本书 ORSOWARE 模型计算出 2008 年研究区域内养殖废物造成的水体污染物

排放量分别是由畜禽尿类直接排放 TN 为 2520.72t、TP 为 131.55t，由畜禽粪造成的水体间接排放 TN 为 105.73t、TP 为 23.66t；则利用本书设计改进技术，对养殖废物收集率达到 80%以后，TN、TP 将分别削减 2101.15t/a 和 124.17t/a，削减率达 80%以上，削减对比如图 6-4 所示。

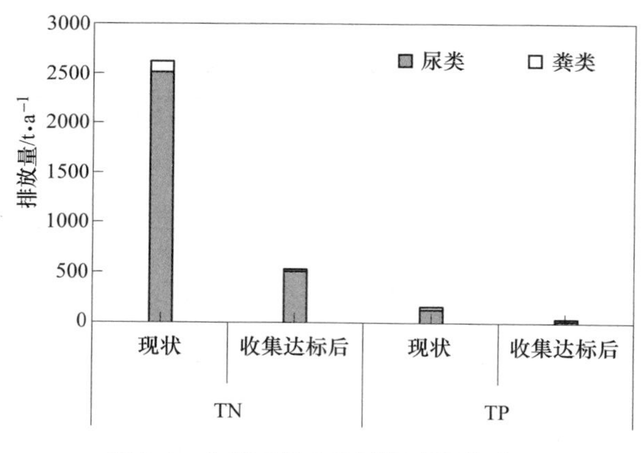

图 6-4 收集工程水体污染减排量对比

6.2 堆肥化技术

6.2.1 蚯蚓床半好氧堆肥

有机固体废物在半好氧发酵的条件下，通过蚯蚓发达的消化系统，在蛋白酶、脂肪分解酶、纤维酶、淀粉酶的作用下，能迅速分解、转化成自身或其他生物易于利用的营养物质。利用蚯蚓处理有机固体废物，既可以盛产优质的动物蛋白，又能生产出肥沃的有机肥料（王洪涛等，2006），本书根据当地实际，选用蚯蚓床半好氧堆肥技术与户用型收集池配套，形成“收集-堆肥一体化技术”（专利：一种蚯蚓强化降解牛粪好氧堆肥方法，养殖废物堆肥—蚯蚓饲养—家禽饲养一体化生态养殖方法）。

洱海北部流域内养殖户的出粪方式均为连续出粪，因此粪便堆体均为新鲜堆粪和陈粪的混合体。为进一步比较新鲜养殖废物和陈旧养殖废物之间的氮磷转移差异，利用改进后的收集堆沤池进行了新鲜养殖废物和陈旧养殖废物的氮、磷含量变化及堆肥效果比较（图 6-5~图 6-8）。现场试验中对堆体添加蚯蚓以强化有机固体废物降解，采用半好氧堆肥方式，堆沤过程对发酵床进行定时定量光照和通风。为了便于计算，本实验堆体原料设计总重 1000kg，原料主要包括牛粪、猪粪、厨余垃圾和稻草节（四者质量比例为 50 : 10 : 1 : 1），添加蚯蚓 1000 条，蚯蚓总重为 0.5kg。

如图 6-5 所示，陈粪堆体和鲜粪堆体中全氮含量均未出现较大波动，说明堆沤池对氮磷流失的阻碍作用明显。新粪堆体中的全氮随着堆肥时间的增加先呈现出上升趋势后又缓慢下降，最后趋于稳定。新粪堆体中全氮变化的主要原因是蚯蚓食量大，每天摄入食物量是其自身体重的 1 倍左右，以往研究表明（席北斗，2006），蚯蚓每吃掉 1000kg 的垃圾，可产生 600kg 的蚯蚓粪，因此，堆体在堆肥腐熟之前处于减量化的阶段。此时由于大量的食物原料导致蚯蚓活动较为剧烈，当养殖废物消耗到一定程度，堆体中蚯蚓粪占主导时，由于食物原料不足，蚯蚓的活动则开始呈现出缓慢，此时堆体中的全氮含量逐渐降低并趋于稳定。而且新粪的 pH 值范围处于 6.8～8.5 之间，与蚯蚓最适 pH 值范围大致吻合（6.5～7.9），因此蚯蚓在新粪中的活动较为强烈，全氮含量变化幅度较大。陈粪堆体的全氮含量变化趋势与新粪基本相似，不同之处在于，陈粪堆体经过一段时间的自然发酵，堆体已损失了大量的 NH_3-N，全氮含量基本趋于稳定，因此蚯蚓的活动对堆体全氮含量的变化影响不大。

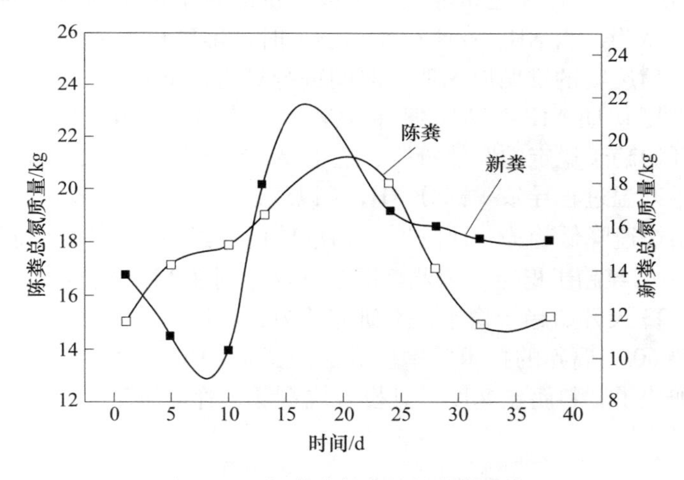

图 6-5 蚯蚓床全氮含量的变化趋势

新鲜养殖废物堆体中全磷含量明显高于陈粪堆体（图 6-6），这是由于陈粪堆体在经过了一定时间的堆沤发酵之后，其中可溶性的磷元素已流失一部分。但是二者的趋势基本相同，都呈现出迅速上升后缓慢下降最后趋于稳定，主要是由于全磷含量基数的不同导致新鲜堆体含量高于陈粪堆体，同时也说明了堆沤池对控制全磷流失的明显作用。这与席北斗等的报道（席北斗，2006）结果一致，有机固体废物的堆肥过程中，全磷的含量随着堆腐时间的延长，呈逐渐增加的趋势，其增长区间主要发生在升温期、高温期和降温期，而在腐熟阶段表现相对稳定。

堆肥腐熟度的评价指标常用 C/N、温度、pH 值、水溶性碳含量和 NH_4-N 含

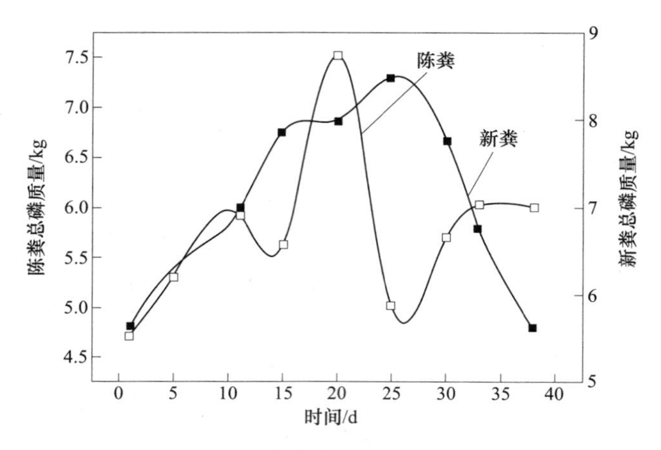

图 6-6　蚯蚓床中全磷含量的变化趋势

量等等，而 NH_4-N/NO_3-N 也是堆肥腐熟度评价的一个重要指标，葛春辉等（葛春辉，2011）认为，当 NH_4-N/NO_3-N 小于 1 时，堆肥已腐熟。本文对新鲜养殖废物和陈旧养殖废物的堆肥腐熟所需时间进行对比，结果如图 6-7、图 6-8 所示，新鲜堆体在堆肥初期 NH_4-N/NO_3-N 变化较大，直到堆肥第 38 天 NH_4-N/NO_3-N 小于 1 并且开始趋于稳定的腐熟阶段，这主要是由于堆肥的初始阶段是一个缓慢升温的过程，升温过程导致一部分 NH_4-N 以气态氨形式损失较快，因此 NH_4-N/NO_3-N 呈现出快速降低趋势。而陈旧废物堆体已经经过了一段时间的堆沤发酵，其 NH_3 的损失已经趋于稳定，因此陈旧废物堆体则在 14 天时 NH_4-N/NO_3-N 就达到了 1.5，第 23 天开始趋于稳定，本研究认为二者均已腐熟。由此可见，相对于一般堆肥需要 60 天腐熟的技术，本研究经改进后的堆沤池在接种蚯蚓床强化降解后，显然加快了肥料腐熟速度，且投入成本低、管理简单，适合于农村地区大规模推广。

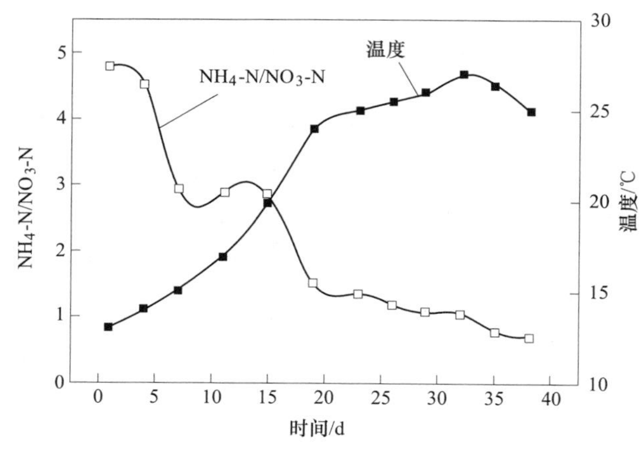

图 6-7　新鲜废物堆体腐熟指标变化

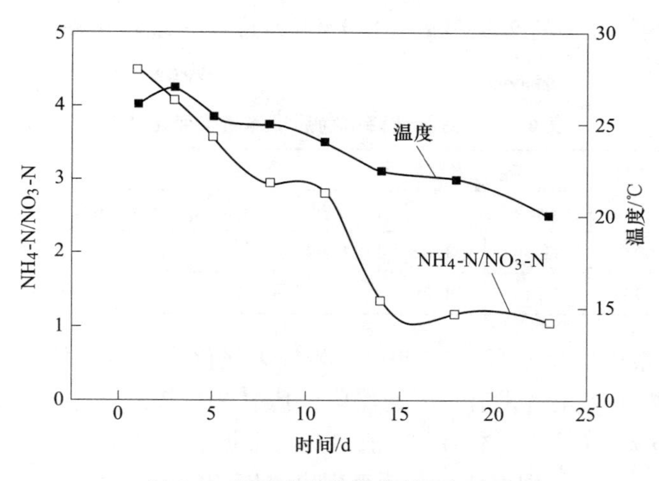

图 6-8 陈旧废物堆体腐熟指标变化

6.2.2 蚯蚓床半好氧堆肥技术减排效果

蚯蚓床强化降解农村和农业有机废物在国外已经取得了突出的成果，蚯蚓养殖业、处理生活垃圾以及在农业有机固体废物的堆肥上在亚太地区已经迅速的发展起来。蚯蚓食量大，每天进食的有机废物质量相当于自身重量，因此处理废物十分高效，且蚯蚓降解后的养殖废弃物氮磷含量下降，对控制氮磷流失具有重要作用。国内外对蚯蚓研究的成果层出不穷，使利用蚯蚓处理有机废弃物与蚯蚓养殖于一体，在饵料中添加特殊配制的物质，如营养元素和生物制剂，既提高有机废弃物的处理效率，又可以提高蚯蚓的利用价值。更重要的是这些产品是安全、无毒、无公害、无污染的，用于动植物生产，不仅起到促进生产的作用，而且为有机产品。在化学农业的延伸日益受到限制、有机食品将成为未来国际市场竞争中攻守相宜的利器的情况下，蚯蚓处理有机废弃物技术研究和新产品的开发，无疑有其自身价值和深远意义，也必将极大促进我国生态农业的发展。

陈粪较新粪的氮磷含量不确定，本书以新粪为对象，分析堆肥前后的氮磷含量转化情况，如表 6-3 所示。蚯蚓繁殖速度快，且由于蚯蚓特殊的消化系统，其食量非常大，每天的摄食量相当于其自身体重的 1 倍左右，每吃掉 100kg 的垃圾可得到 60kg 的蚯蚓粪（席北斗等，2006），而蚯蚓粪作为肥料生产出来的农产品可确保无化学污染，因此，蚯蚓床强化降解堆肥产品是无化学污染的优质有机肥料。本书中通过蚯蚓床强化降解堆肥后，堆体的大小由 1000kg 减小为 724.9kg，一定程度上实现了堆体的有机固体废物的减量化；有机固废中的氮、磷元素由污染物质转化成优质有机肥产品，堆体中氮、磷含量分别由原料中的 3.023kg 和

1.119kg 转化为产品中的 2.893kg 和 1.094kg，最终实现转化率分别高达 95.86% 和 97.80%。

表 6-3　蚯蚓强化降解前后堆体氮磷变化情况

处理	堆体质量/kg	元素系数/%			N		P	
		含水率	N	P	质量/kg	转化率/%	质量/kg	转化率/%
原料	1000	83.40	1.82	0.67	3.02	95.86	1.12	97.80
产品	734.90	70.10	1.28	0.51	2.89		1.09	

韩立军等报道（韩立军等，2007），蚯蚓床强化降解对降低畜禽粪便好氧堆肥过程中 NH_3、H_2S 的挥发有重要的作用，其中 NH_3 挥发量比原堆沤池无控条件下可减少 31.3%~96.7%，本书取中值 50%。根据现有处理处置方式，粪便简易堆存后还田是主要的处理方式，占调查用户的 85.3%，其中简易堆放中有 36%修建了户用堆沤池，但因池容小、无防雨盖等原因，使用率几乎为零，其余 49.3%的简易堆放无任何控制措施，养殖废物均是房前屋后、院内渠边随意堆置。如表 6-4 所示，根据本研究对用户收集堆沤池的改进，假设将研究区域内已建堆沤池进行全部改进并全部使用，则改进后将对环境减排的 NH_3 量为 66.78t/a。

表 6-4　蚯蚓床强化降解气体减排效果

气体	处理设备	排放量/$t \cdot a^{-1}$	对比减排量/$t \cdot a^{-1}$
NH_3	原设备	133.56	66.78
	改进后	66.78	

综上所述，通过蚯蚓床强化降解堆肥措施，有机固体废物最终实现资源化、减量化和无害化，其中堆体大小减小比例为 26.5%，资源化转化率为 90%以上。假设对研究区域内的现有堆肥设备进行改进并提高使用率以后，区域内将实现有机固体废物中氮、磷的水体零排放，温室气体间接排放量将减少 66.78t/a，减排率达 50%。

6.3　沼气化技术

因洱海流域内牛粪是产生量最大的有机固废，本书涉及的沼气工程以牛粪、猪粪、牛尿为主要原料。且因地处农村地区，所有工程设计需考虑当地的经济条件和可操作性，因此沼气化技术的选择应从改进当地现有工程、设施的基础出发，适度开发新技术，最大限度地减少工程投入、增加处理效率。

6.3.1　改进型户用沼气池

在洱海北部流域内选定 5 家已建户用型沼气池的农户作为改进对象，主要针对无搅拌、投料出料不勤、产气率低等类型而停用的沼气池池体，对选定户用沼气池失效原因进行分析。本研究定点沼气池分析结果如表6-5所示，所分析沼气池的进料为牛粪，池容为10m^3，目前沼气生产都处于停滞状态。

表6-5 户用沼气池发酵液分析表

实验点	NH^{4+}-N/g · L^{-1}	全氮/g · L^{-1}	全磷/g · L^{-1}	pH值
沼气池1	0.181	16.7	6.7	8.36
沼气池2	0.164	6.9	1.3	8.33
沼气池3	0.232	9.1	3.2	8.01
沼气池4	0.213	8.8	2.7	8.24
沼气池5	0.202	12.4	4.2	7.87

在户用沼气发酵过程中，NH^{4+}-N最适宜发酵的浓度范围0.4~0.7g/L，适当浓度的NH^{4+}-N有利于厌氧菌的活动，促进沼气池产气量（林聪，2010）；但NH^{4+}-N浓度过高则会抑制厌氧菌活动，对产气量产生抑制。研究区域内户用沼气池NH^{4+}-N含量均较高，本书通过对原料配比进行调节等措施消除氨氮抑制。

沼气池正常发酵的pH值范围在6.8~7.6之间，pH值大于7.6的沼气池，不适宜产甲烷菌群的正常生长。研究区域内户用沼气池的pH值均处于较高水平，是产气率低下的重要原因之一。现场实现通过原料配比、酸碱调节等方式控制沼气池pH值。针对示范区沼气池因无搅拌装置等问题，设计了手动射流搅拌装置（图6-9），该装置加装及搅拌容易，实现了户用沼气池发酵液的充分混合；加装成本小，在洱海北部流域易于普遍推广；通过该装置抽送沼液回流至发酵池并起到冲洗原料的作用，手动射流搅拌装置的运转解决了沼气池结壳和破壳的主要问题。

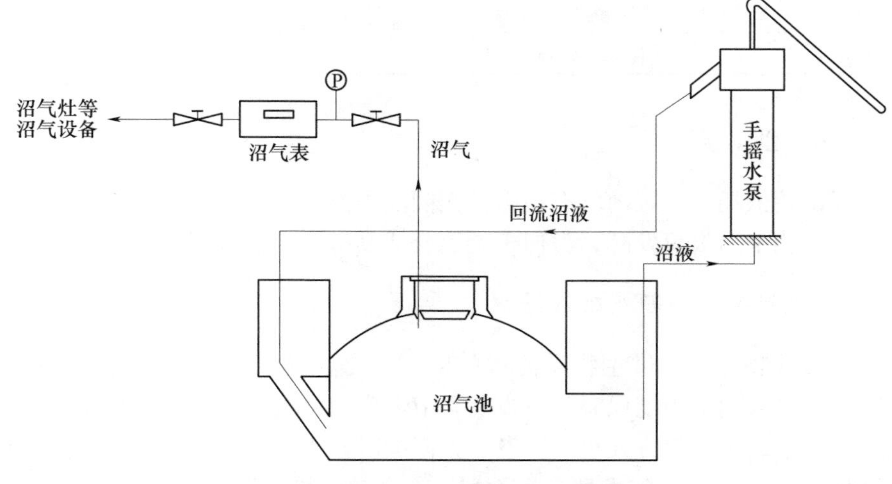

图6-9 改进后户用沼气池工艺图

在对沼气池进行原料配比、pH 值调节、罐体密封、发酵液搅拌回流后，沼气池产气水平显著提高，每座沼气池产品气压可达 8kPa 以上，产气率提高 20% 以上。经改进后的户用沼气池发酵液中全氮、全磷等成分分析结果如表 6-6 所示。

表 6-6　改进后户用沼气池发酵液分析表

实验点	NH^{4+}-N/g · L^{-1}	全氮/g · L^{-1}	全磷/g · L^{-1}	pH 值
沼气池 1	0. 43	14. 1	6. 4	7. 3
沼气池 2	0. 48	15. 4	5. 8	6. 9
沼气池 3	0. 39	13. 8	5. 8	7. 1
沼气池 4	0. 39	14. 6	6. 1	6. 8
沼气池 5	0. 37	14. 2	5. 9	7. 4

实验沼气池有效容积 $10m^3$，采取每天进出料的方式，控制固含率为 8%，以水力停留时间 20 天计，则每天进料 40kg 畜禽粪（干重），设计沼气池沼液全部回流，经固液分离后的沼渣产生量为 34. 25kg，控制进出料质量相同。与未经改进的沼气池相比，改进后沼气池中的全氮、全磷的资源化转化情况如表 6-7 所示。对户用沼气池进行改进后，沼液沼渣中的氮、磷资源化转化率分别达到 84. 78%和 97. 68%，沼渣可以作为优质的有机肥产品施入农田或出售，实现农村养殖废物的资源化处理处置需求。

表 6-7　改进后单个沼气池资源转化对比表

处理	质量/kg（干重）	N		P	
		质量/kg	转化率/%	质量/kg	转化率/%
进料	40. 00	0. 51	84. 78	0. 43	97. 68
出料	34. 25	0. 43		0. 42	

6. 3. 2　改进型中温沼气

现场试验依托示范区内已有的腾龙太阳能中温中型沼气装置，该装置采用连续式双级单相中温厌氧发酵，类似于全混合式发酵，工艺流程如图 6-10 所示。

6. 3. 2. 1　装置存在问题及改进措施

中温沼气装置在提供生物质能源的同时又是控制氮、磷流失的一种有效途径。现有装置采用太阳能保温，昼夜及季节温度波动大，发酵液浓度不高，产气率较低。由于装置集热方式单一，没有太阳的时候无热源加热发酵罐，装置内温度经常低于 25℃，对沼气发酵尤为不利。本书对该装置采取如下改进措施。

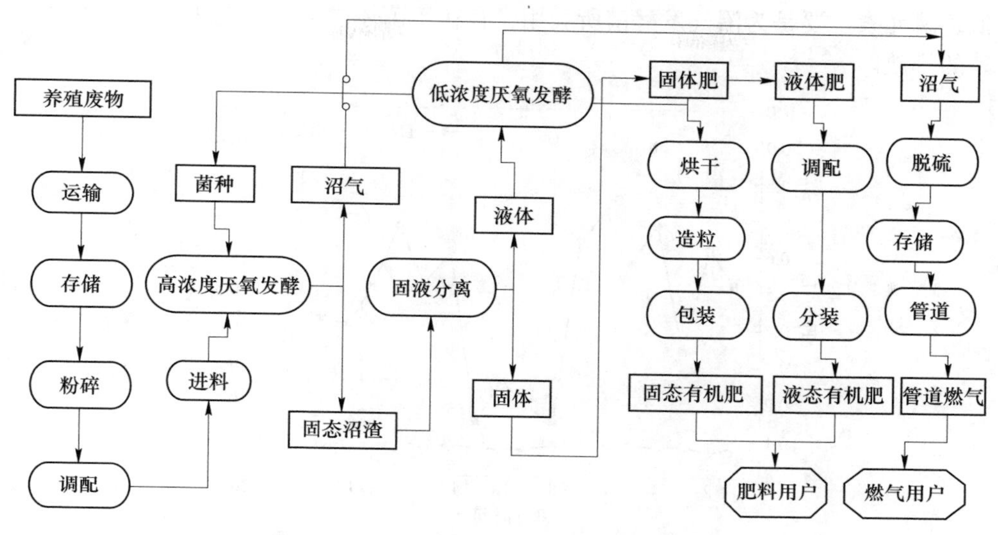

图 6-10 中温沼气工程的工艺流程

A 保温措施

保温措施有：

(1) 热水管保温。太阳能热水管采用橡塑绝热保温材料、聚氨酯泡沫塑料或石棉保温材料绝热保温，使用铝箔或铝薄板包裹。

(2) 添加热水桶。添加 4m^3的热水桶，并在热水桶内加设四组 3kW 防干烧型电加热管，用于阴雨天气和夜间加热，保证发酵温度较为稳定。采用上述 2 项措施后，沼气装置内温度可稳定维持在 30℃。

B 沼液回流

沼液回流主要是高浓度发酵罐发酵液经固液分离机分离之后，沼液部分回流循环利用，并替代一部分井水冲洗加料斗和进料口，同时起循环搅拌作用。沼液回流具有以下优点：减少后续沼液产生量，为后期沼液处理减轻负担；不会稀释发酵体系浓度，不会降低发酵温度，并节约用水。现场实验通过增加一台口径 40mm、流量 10m^3/h、扬程 20m 的潜水式排污泵，配置 DN40 管径约 30m，至进料口，保证了沼液稳定回流。

6.3.2.2 改进后沼气发酵过程氮磷变化规律

实验沼气站利用牛粪为主要原料，辅料为少量鸡粪和稻草。从图 6-11 和图 6-12 可以看出，沼气发酵对 TN、TP 的削减有明显贡献，对 TN 削减达 20%、TP 达 50%。沼气发酵过程中，水解菌群可分解有机氮成 NH_3，NH_3 一部分溶于发酵液形成 NH_4^+-N，另一部分则进入大气环境。尤为突出的是，发酵液可溶性磷浓度低，磷元素主要是为沼气发酵菌所利用，存在于菌体内成为结构组分，大大减少磷的排放。

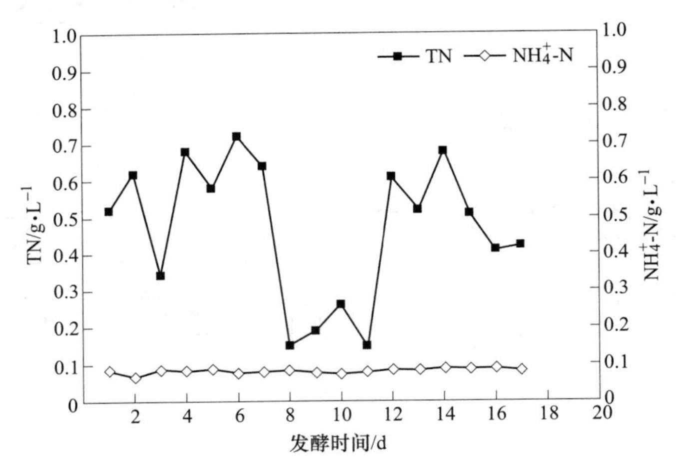

图 6-11　沼气发酵过程 TN、NH_4^+-N 变化图

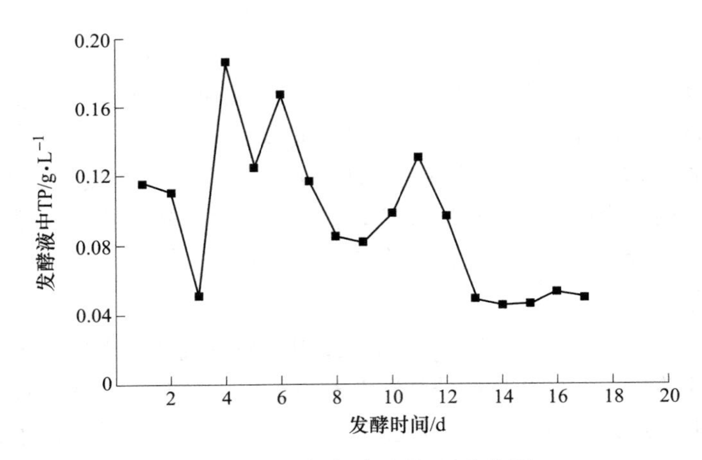

图 6-12　沼气发酵过程 TP 变化图

6.3.2.3　改造前后沼气装置温度变化特性

实验装置改造前发酵温度变化幅度较大，晴朗的白天可达 35℃，而夜间 12：00之后发酵温度一般低于 25℃，每天早上 9：00 发酵温度通常不超过 30℃（图 6-13）。为保证原装置全天候维持在中温发酵，在增加热水管保温的基础上，分时段利用太阳能热水加热发酵液、同时开启搅拌装置，保证发酵稳定度、发酵液充分混合，发酵温度最终提高并维持在 30℃左右，产气量大幅提高。

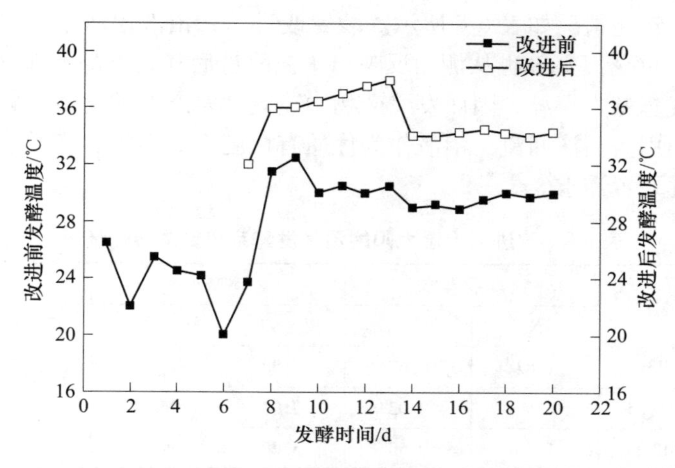

图 6-13 沼气发酵过程发酵温度变化图

工艺发酵 9 天开始，对实验装置增加热水桶、增设加热管和管材保温等措施，结果表明沼气产量明显提高，日产沼气超过 100m³，如图 6-14 所示。

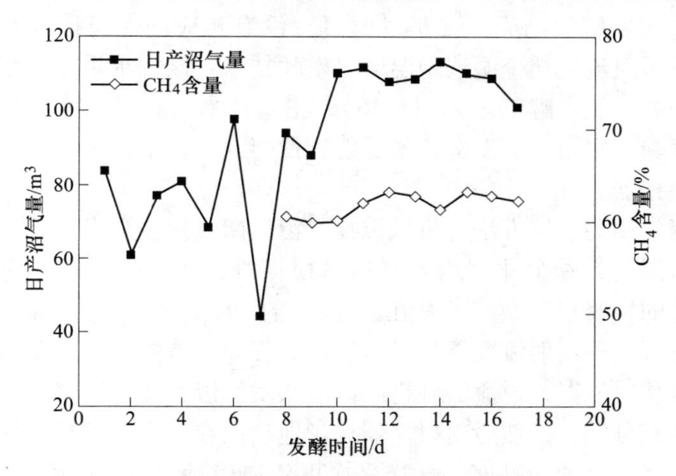

图 6-14 沼气发酵过程产气量变化图

6.3.2.4 改进后氮、磷转化效果

现场实验发酵罐包括一个干式厌氧发酵转鼓 100m³ 和一个湿式厌氧发酵转鼓 100m³，沼气储气鼓容积 100m³，太阳能集热板共 300m³，燃气管道布设 3500m，集中供气用户终端 75 户，设计沼气生产能力 150m³。发酵液固含率为 8%，水力停留时间约 20 天，每天进料 400kg 畜禽粪（干重），改进后的沼液全部回流，则沼渣的日产生量为 342.5kg。与未经改进的发酵罐相比，改进后发酵罐中的全氮、

全磷的资源化转化情况如表 6-8 所示。装置改进后，沼液沼渣中的氮、磷资源化转化率均达到 96%以上，也从侧面反映出工艺改进后氮素大部分保存在发酵原料中，降低了气态氮损失量，因而发酵产物中速效性氨态氮的含量大幅提高，有利于作物吸收利用。沼液回流、沼渣作为优质有机肥产品出售，实现农村养殖废物的资源化处理处置需求。

表 6-8　改进后中温太阳能沼气发酵系统氮磷转化情况

处理	质量/kg	元素系数/%		N		P	
		N	P	质量/kg	转化率/%	质量/kg	转化率/%
原料	400	1. 82	0. 67	7. 28	96. 59	2. 68	98. 51
沼液	4417. 5	0. 046	0. 02	2. 03		0. 93	
沼渣	342. 5	1. 46	0. 50	5. 00		1. 71	

6. 3. 3　射流搅拌中温发酵装置

对现有装置改造结果表明，洱海北部流域现有沼气装置失效的关键原因是缺乏搅拌措施造成发酵液结壳，二是发酵过程没有相应的保温措施。针对存在问题，本文研发了射流搅拌全湿法中温厌氧发酵技术，该技术采用太阳能、沼能相结合的湿法中温厌氧发酵工艺（图 6-15），主要技术内容包括太阳能与沼能集热系统、高浓度粪水中温厌氧发酵技术、射流搅拌混合技术，全混合消化罐的重要部件为射流搅拌器。

沼气工程常用的搅拌方法有机械搅拌、沼气回流搅拌和发酵液回流搅拌，一般均采用机械搅拌，在消化器内安装机械搅拌机，在密闭的容器内装有传动机械，此类设计的检修很麻烦，尤其在大型容器内的搅拌不均匀，影响发酵效率。本书设计的发酵罐采用射流搅拌技术，工作流程为：首先用提升泵将原料和器底发酵液抽出送往射流器，射流器则再一次吸入发酵液，此时发酵液和原料液可在射流器喉管内充分混合，然后由射流器均匀地喷洒在整个发酵罐截面上；原料基质与发酵液中微生物的接触面经这样多次更新和接触，不但可以提高反应速率，更有利于提高产气效率。射流器结构简单，使用方便，工作可靠，消化罐内部无传动设备，无需维修。

本书设计采用全混合式消化器（CSTR），适合原料 TS 达 7%～10%的高浓度粪草混合发酵。低压产气，低压贮气，安全性能高并防止沼气泄漏；发酵罐和储气柜一体化设计，总造价降低 15%；装置规模设计小，节省占地面积；工艺流程简化，减少建设时长。主要工艺参数如下：

（1）设计参数：年操作时间 350 天，日操作时间 22. 5h；

（2）原料进入量：每天需要鲜牛粪 330kg；

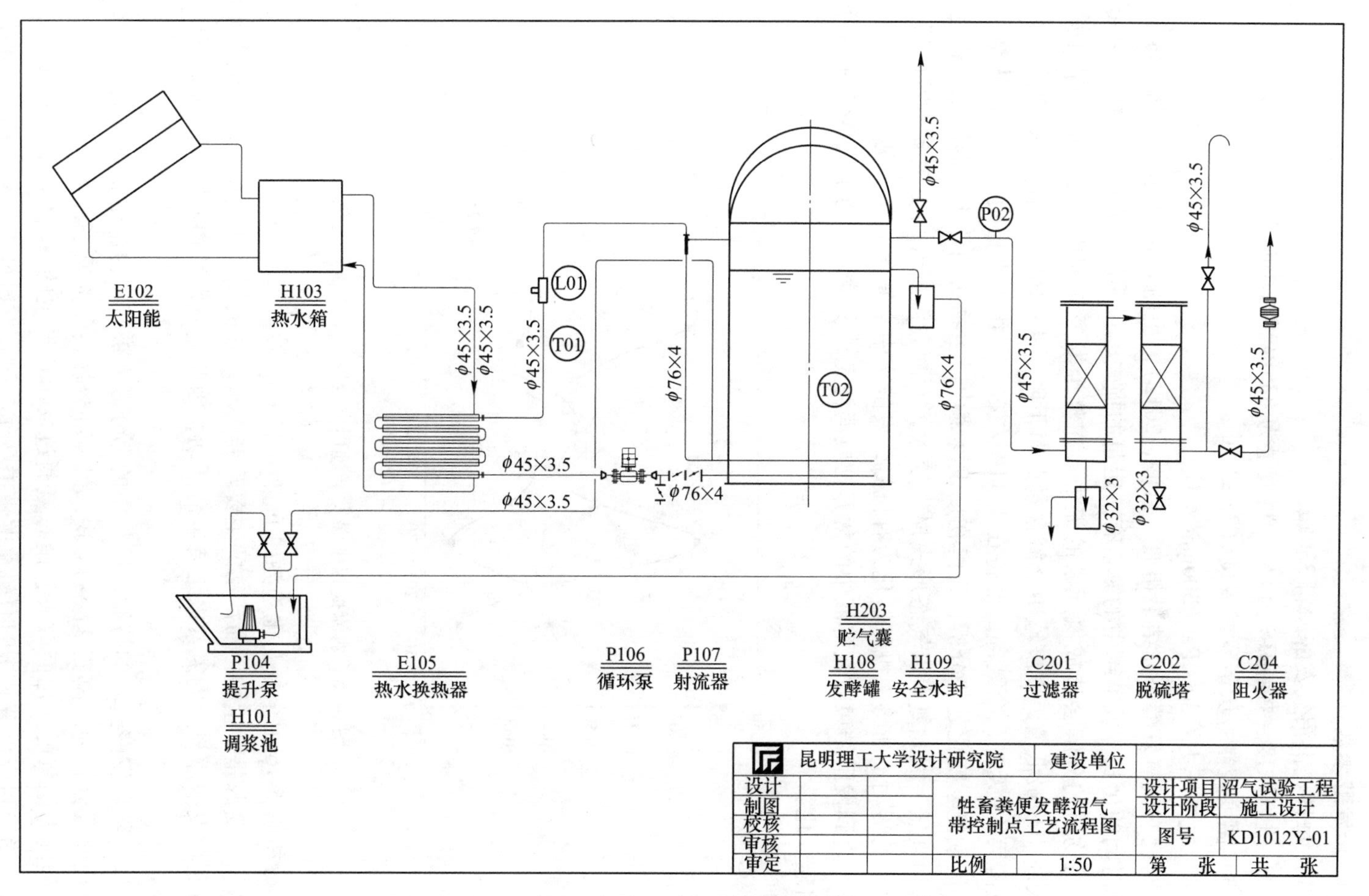

图 6-15 射流搅拌全湿法中温厌氧发酵工艺

（3）发酵参数：

1）每日提供沼气发酵原料 330kg；

2）进料浓度：控制 TS 为 8%，料液量为 835kg/d，小时进料为 37kg/h；

3）温度控制：厌氧发酵温度（35±2）℃；

4）气柜压力：3000Pa（300mm 水柱）。

与已有厌氧发酵研究结果相似（吕波，2012），由图 6-16 所示，本研究随着发酵时间的延长，发酵罐中的氮素有一定量的损失，说明厌氧发酵过程中，牛粪中有机物质的分解会造成氮元素的流失。在整个发酵周期内，全氮的含量在第 28 天时出现最低值，发酵罐中全氮含量此时下降了 14. 16%，而后开始上升，直到发酵第 68 天时，全氮含量维持在 1. 11%左右，变化趋于稳定。因此，从整个发酵周期氮素变化趋势分析，发酵初期发酵罐内微生物活动处于升温阶段，微生物活动剧烈，因此氮素以气态形式损失较大，而随着温度升高至中温恒定阶段，微生物的活动不断将无机氮转化为有机氮，发酵罐中全氮含量则呈现不断上升的趋势，直到发酵结束时发酵液中的营养物质消耗完，发酵罐中的全氮含量则不再有明显变化。

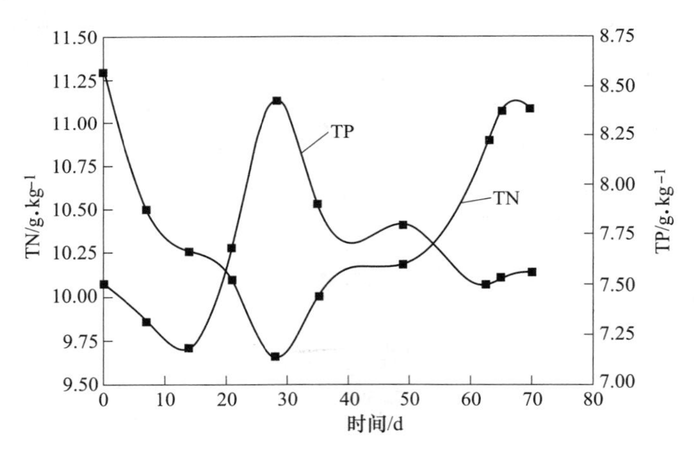

图 6-16　射流搅拌中温发酵过程中全氮、全磷含量变化

分析图 6-16 中全氮变化趋势如下。

（1）氮源是微生物生命活动的主要营养物质，在厌氧消化初始阶段，微生物大量利用发酵原料中的氮素以维持生命活动，因此造成发酵初始阶段曲线呈下降趋势。

（2）随着发酵过程的持续，原料中的部分氮素被转变为微生物自身生命元素参与代谢或分解为游离氨基酸的形式，另一部分被转化为氨态氮形式，其中氨态氮可能随着沼气的逸出而散失，硝态氮通过反硝化产生的 N_2 随着沼气的逸出而散失，当原料中可被利用的有机氮源被消耗殆尽时，发酵液中的氮素浓度达到最小值，曲线接近临界值。研究表明（吕波，2010），厌氧消化过程的氮损失主要可能是以 NH_3-N、N_2 及易挥发含氮有机物的形式散失。

（3）而后期总氮含量的增加则主要可能是由于有机质被降解生成沼气后，物料质量和体积随之缩小，总氮被浓缩造成的。

厌氧发酵过程中磷的释放有水解释磷机制与生物释磷机制两种，一般消化之初表现出来的为水解释磷机制，生物释磷机制是随着消化液中 COD 含量的积累而表现出的（毕东苏，2012）。图 6-16 中全磷变化曲线可以看出，射流搅拌中温发酵实验全磷在发酵初期全磷含量有所下降，到发酵第 17 天全磷达到最小值后慢慢上升，发酵第 28 天时全磷含量达到最大值，而后又缓慢下降最终趋于稳定。分析曲线变化原因如下。

（1）磷源是微生物生命活动必需的微量元素之一，射流搅拌中温发酵接种来自依托工程工作稳定时的发酵液中，此时的接种微生物正处于“大量吸磷”阶段，被引入射流搅拌厌氧发酵罐后，利用新投料的基质进行呼吸（主要是各种短链脂肪酸），同时体内聚磷分解，并释放能量，微生物代谢活动剧烈，造成厌氧发酵初始阶段基质内全磷含量呈下降趋势。

（2）随着反应器中发酵菌的增多，发酵液中产生大量的脂肪酸，提供了微生物厌氧呼吸环境，导致释磷过程加快，因此曲线开始呈上升趋势。

（3）曲线在发酵第 30 天上升到最高点后开始下降，可能是因为污泥中的磷已接近于释磷的极限，导致释磷量接近极限并趋于平缓。有报道指出（毕东苏，2012），并非所有的固体磷释放后全部转化为溶解性正磷，而是仅有约计 60%的固体磷转化为了溶解性正磷，其余的虽从固相转化为液相，但可能以其他形态（如聚磷、有机磷等）存在。

本研究对射流搅拌中温小型沼气工程进行了连续三个月的运行调试。图 6-17

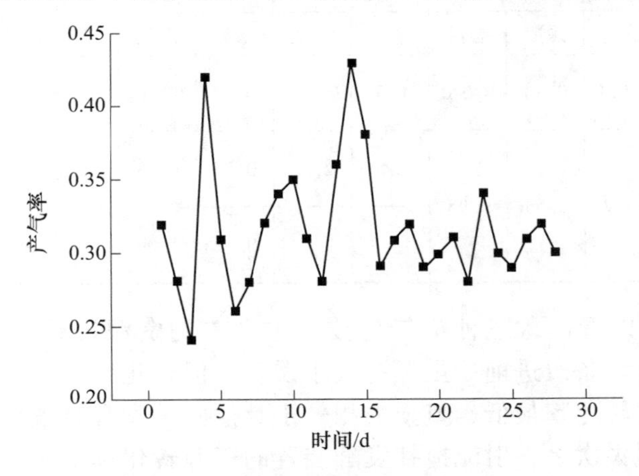

图 6-17 射流搅拌装置产气量变化

是在调试过程中发酵罐产气率及内部温度变化图，调试 28 天累计产气量 108m³，根据总投料量记录，平均每公斤养殖废物可产气为 0.3m³。射流搅拌发酵罐温度波动较小，发酵温度能够满足并稳定在中温水平（35~40℃）。经过三个月的运行调试，最终得出使其稳定运行的条件：初始投料量为发酵罐容量的 70%，接种物添加 14%，料液浓度为 8%，添加 2%的餐厨垃圾以缩短启动时间，经过 10 天的升温及排氧，料液平均温度达到 35℃即中温发酵，容积产气率稳定在 1.2m³/(m³·d)，相当于有效容积 16m³ 的沼气工程平均每天加 400kg 的新鲜牛粪可产生 19.2m³ 沼气。该工程运行调试 30 天甲烷平均浓度稳定在 70%左右，调试正常后连续运行，每日进出料 400kg，同时添加适量的热水以调节料液浓度。该沼气工程每日均可产生 20m³ 的沼气能源，供应 10 户 3 口之家的正常用能，沼液沼渣以有机肥料形式还田再利用。

6.3.4　沼气化技术减排效果

前面所述三种沼气化技术发酵后的沼液、沼渣均不作为肥料直接还田，在实际生产过程中将其制作成成品有机肥或营养土，以商品形式出售，因此，研究系统内沼气发酵产物还田后不产生对水体和大气环境的二次影响，在核算沼气化技术产生的环境影响和减排量时仅考虑发酵过程中以气态形式（NH_3）损失的氮素。本书采用实验方法对发酵产物（沼液、沼渣）进行均匀混合后测定氮磷含量，表 6-9 是本书对三种沼气化技术进行改进前后发酵产物中的氮、磷资源转化情况进行的对比分析。

表 6-9　沼气化技术改进前后氮磷转化情况对比分析

发酵类型	改进前产物（%，t/a）				改进后产物（%，t/a）				N 转化率/%		改进前后 N 排放/$t \cdot a^{-1}$	
	氮含量		磷含量		氮含量		磷含量					
	系数	总量	系数	总量	系数	总量	系数	总量	前	后	前	后
户用沼气	0.17	0.021	0.36	0.040	0.7	0.039	0.52	0.042	45.65	84.78	0.0157	0.0077
中温沼气	0.51	1.72	0.53	0.95	1.46	2.03	0.50	0.93	83.51	96.59	1.66	0.34
射流搅拌					1.48	2.10	0.52	1.09		98.71		0.13

由表 6-9 可以看出，三种沼气化技术中氮素的资源转化率均达到 95%以上，磷素含量在设备改进前后虽然有较小误差，但转化率也较高。户用沼气池发酵的氮素资源转化率最低，氮损失相较于其他两种发酵装置仍较为严重，中温沼气工程氮损失次之，射流搅拌发酵装置的资源转化率最高。在改进发酵设备前后产物中磷的总含量误差不大，分析原因误差来源于分析测试过程的人为

操作误差。

对户用沼气发酵技术进行改进后，对现有户用沼气工程的减排结果进行核算，结果如表 6-9 所示。对户用沼气池进行改进后，研究系统内 NH_3 的总排放量将减少 0.008t/a，对比减排率达到 50.96%，减排效果显著。实验依托中温沼气工程在进行改进后的氮素损失为 0.34t/a，即与设备改进前相比减排 1.32t/a，改进后的沼气工程资源转化率提高了 13%。相对于实验依托中温沼气工程，本书设计的射流搅拌中温太阳能发酵中试工程的资源转化率高达 98.71%，氮损失为 0.13t/a，如果单纯考虑环境效益，则射流搅拌全湿法中温厌氧发酵技术是三种沼气化技术中最理想的农村面源污染减排技术。

6.4 基质化技术

6.4.1 基质化工艺

（1）工艺原理。将堆肥的原料：牛粪、大蒜秸秆、稻草等固体有机废弃物按照一定比例堆积起来，调节堆肥物料中的 C/N 比，控制水分、温度、氧气与酸碱度，在微生物的作用下，将废弃物中复杂的，不稳定的、难于被食用菌利用的有机物转化成简单稳定的有机物成分。同时随着堆温的升高而杀灭废弃物中的病原菌、虫卵等，处理后的物料作为一种优质有机肥料。在有机肥料中根据双胞蘑菇生长需求，在培养料中添加一些矿物元素如：石膏、碳酸钙、过磷酸钙和石灰等，构成适宜于双胞蘑菇生长的基质。

（2）床架建设。菇房中设计存放 2~8 个床架，在房内按照南北向搭建栽培床，其材质构造主要为角铁和平板钢支架；而床面采用遮阴网、钢板网或熟料板铺成；菇床长 1.8m，宽 0.8m，高 1.8m，每床设 4 层，层间距 45cm。

（3）菇棚建设。在实验工作站建立了 $70m^2$ 的菇房，用于放置食用菌栽培的菇床，房间在材料的选择和设计上要求具有隔热、保温、保湿以及通风效果。筑土墙先按设计规模划好施工界线，在菇棚四周筑起干打垒土墙，所用墙土由棚内地面（30cm）挖取，墙高距棚外地面 0.6m，距棚内地面 0.9m，下口墙宽 0.4m，上口宽 0.3m。通风要求房间至少有两组以上对流窗口，窗口开在墙壁上方左右两侧。保暖及防火要求房屋建筑材料及设计方面应考虑。

（4）堆肥场地建设。在菇房旁需留有空地用于修建堆料池，及食用菌基质的生产，该堆料池规格为：5m×2m×1.8m，一共 5 个。

（5）工艺设计。

1）处理工艺流程的选择。根据当地实际情况，选择熟料的床上栽培方式。

2）双胞蘑菇的栽培配方。

① 干牛粪 30%、大蒜秸秆 30%、稻草节（16cm 长）40%、石膏粉、过磷酸钙、米糠、尿素 1%，pH 值 8~8.5，含水量 65%。

② 干牛粪粉 40%、大蒜秸秆 40%、稻草节（16cm 长）20%、石膏粉、过磷酸钙、米糠、尿素 1%，pH 值 7~7.5，含水量 65%。

3）处理工艺流程说明。将稻草铡成 16cm 长，浇上水堆成堆预湿 3 天。每天适当喷水，使堆制的草料保持水分在 60%左右。

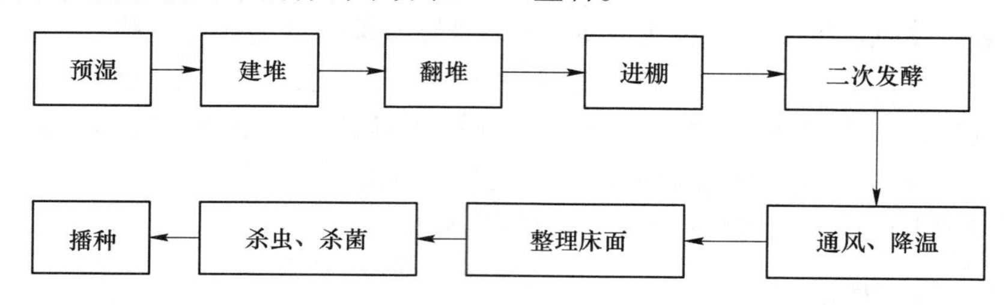

（6）主要工艺参数。

1）水分及湿度：培养料的湿度范围为 50%~75%，适宜的培养料含水要在 60%左右；空气相对湿度要在 75%左右；子实体生长期间要求环境对空气相对湿度在 80%~95%，最适的湿度为 90%左右。

2）温度：菌丝生长的温度范围为 5~33℃，最适生长温度为 22~26℃；子实体生长发育温度范围为 4~24℃，最适生长温度为 14~18℃。

3）空气：双胞蘑菇是一种好气性菌类。菌丝体和子实体生长期间都要不断吸入氧气，呼出二氧化碳。因此要求培养料、覆土层和整个菇房环境能通风透气。

4）pH 值：双孢蘑菇生长的 pH 值范围为 5.5~8.5，最适 pH 值为 7 左右（见图 6-18）。

图 6-18　双孢菇基质配料现场图片

分别在 6 个菇床上选择 6 个实验采样点位，每个菇床一个点，对不同时期培养基质中的全氮、全磷含量进行跟踪实验，实验结果如图 6-19 所示。在培养双孢菇的过程中基质中的总氮、总磷总体处于下降趋势，二茬菇培养结束后，基质中的总氮、总磷含量均低于原料中的量，本实验中TN平均减排3.32%，TP平均减排19.2%。由此可以证明，养殖废物做基质培养食用菌可以降低养殖废物中的氮、磷含量，虽然减排效果不很明显，但从社会经济角度思考，基质化投资成本低廉，回收成本高效，给农户带来的收益则是本研究中最值得推广的一种技术。

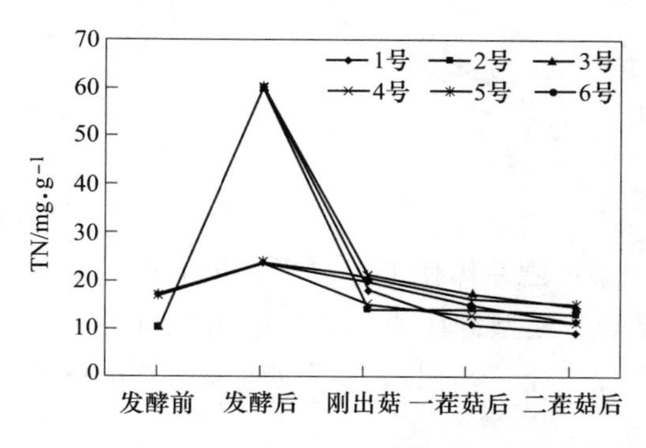

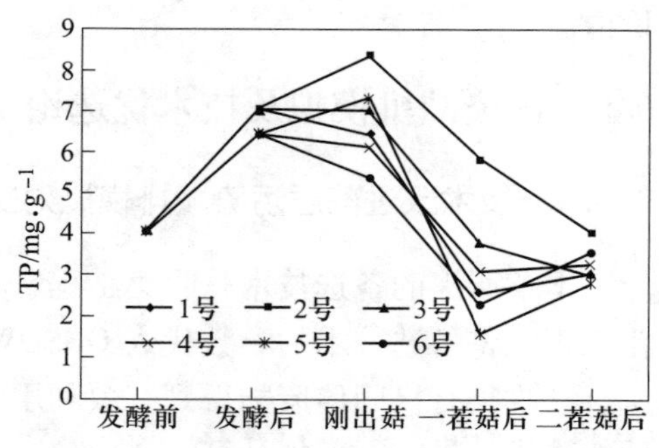

图6-19　基质中全氮、全磷含量变化

6.4.2　基质化技术减排效果

本研究所建示范工程菇床面积为3900m²，原料配比为干牛粪：大蒜秸秆：稻草等于2∶2∶1。根据示范工程实验数据，示范工程每平方米菇床利用干牛粪12kg，相当于鲜牛粪80kg。每茬生产食用菌（双孢菇）可达6.5kg/m²，按照每年种植两茬双孢菇计算，每年可生产双孢菇50.7t，双孢菇中粗蛋白质含量为5.2%，蛋白质折算系数取值5.83。由此分析农村固体废物基质化利用的资源转化率如表6-10所示。

表6-10　基质利用前后氮磷含量变化情况

处理	菇床总量/t	N		P	
		质量/t	转化率/%	质量/t	转化率/%
原料	150	2.35	93.62	0.38	98.23
菌体	50.7	0.76		0.08	
基质废料	147	1.44		0.29	

由于基质化技术采用原料露天堆放，粪便在进行成品基质堆料前已经过烘干，因此基质化技术的气体减排效果不明显，本研究假设基质化技术对温室气体无减排作用。由表6-10的分析结果可知，农村固体废物基质化培养食用菌（双孢菇）的氮素资源转化率达90.63%、磷素资源转化率达98%以上，在为农民创业增收的同时，大幅度降低养殖废物直接还田所造成的面源污染风险。食用菌培

养结束后的基质废料和菌渣可回用制作菌种和种菇，或者出售给有机肥厂制作成品优质肥料。在农村有机固体废物的基质化利用全过程中，不产生废气、废水、粉尘，无生产性噪声污染，培养的食用菌和基质废料都能够作为商品出售以获得较大经济效益，在减少环境污染负荷的同时增加了农民收入，同时食用菌生产可以解决少部分富余劳动力的就业问题，一举多得，在农村地区具有很高的推广价值。

6.5　污染减排模拟及技术优选论证

6.5.1　技术改进前后污染减排模拟对比

本章所提的备选技术是收集工程、收集堆肥一体化工程、沼气化工程和基质化工程，将备选技术的参数代入 ORSOWARE 模型，在假设收集率达到 80%，且所有已收集有机固体废物得到有效利用的条件下，对洱海北部流域采用备选技术后的减排效果进行模拟计算。

（1）水体减排：废物集中收集后不会对水体再造成直接排放及间接排放的威胁，因为废物通过本研究所提出的四种方案进行处理处置，在实现项目预设收集率达 80%目标的条件下，使各种处理工程产生的二次废弃物进入有机肥厂制作成品有机肥料作为商品出售，因此，农村有机固体废物的资源化利用形成一个闭合循环链条，改进后系统对水体的排放量可大幅度减小。

（2）气体减排：集中收集和基质化技术是本研究提出的在洱海流域内示范的新技术，且集中收集和基质化技术对温室气体的减排作用不明显，因此本书假设集中收集和基质化技术对温室气体无减排作用。技术改进针对堆肥和沼气发酵技术，对原有的设备或者工艺进行改造和调试，气体的对比减排量核算只包括这两种技术。根据前 6.2.2 小节和 6.3.4 小节的计算结果，堆肥化技术改进后温室气体排放量将减少 50%，户用沼气池改进后 NH_3 减排 70.04%，沼气发酵工程改进后实现减排 NH_3 为 92.17%。

按照本书设计的技术改进思路，新建一批处理设施使流域内有机固体废物的收集利用率达到 80%的课题预设目标时，种植模块的控制应以杜绝秸秆露天焚烧为最终目的。又因作物秸秆含有丰富的粗纤维和粗蛋白，其处理以饲料化技术为主（前 4.2 小节中已假设饲料化技术过程的元素损失不计），辅以一定规模的基质化处理。本书根据我国食用菌人均消费量 1kg/a 的标准，在满足研究系统自给自足的条件下设计基质化技术规模为 $20000m^2$。由于 ORSOWARE 模型假设饲料化过程无元素损失量，因此表 6-11 中技术改进后种植模块的氮元素损失量是 $20000m^2$ 的基质化过程。

表 6-11 技术改进后各模块氮磷污染排放量汇总 (t)

类别	研究模块	改进前		改进后	
		氮元素	磷元素	氮元素	磷元素
气体排放	种植模块	50.32	0.00	0.37	0.00
	养殖模块	462.62	0.00	152.32	0.00
	农产加工	0.92	0.00	0.07	0.00
	居民生活	33.98	0.00	10.18	0.00
	小计	547.84	0.00	162.94	0.00
水体排放	种植模块	13.76	6.2	1.10	0.74
	养殖模块	2520.72（尿）	131.55（尿）	504.144（尿）	26.31（尿）
		105.72（粪）	23.66（粪）	8.46（粪）	2.84（粪）
	农产加工	0.185	0.003	0.01	0.00036
	居民生活	231.71	3.52	18.54	0.42
	小计	351.37	33.38	28.11	4.01
系统内污染排放总计（不计尿液）		899.22	33.38	197.58	4.01

由表 6-11 可知，采用本书所提备选技术使有机固体废物的收集处理量达80%以上，则由有机固废中氮磷引起的水体氮排放量降至 28.11t/a，水体磷排放量降至 4.01t/a，减排量分别达 323.26t 氮、29.37t 磷，减排率达 91.99% 和 87.99%；由有机固体废物在处理处置过程中产生的温室气体排放量降至 162.94t/a，减排率达到 70.39%，对比结果如图 6-20 和图 6-21 所示。

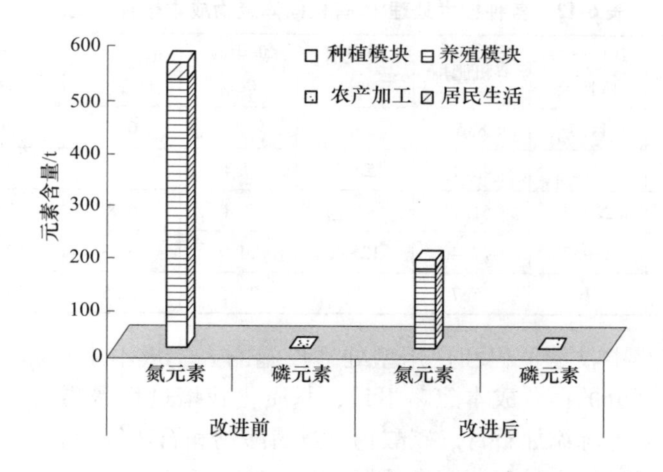

图 6-20 技术改进前后各模块温室气体排放量模拟结果对比

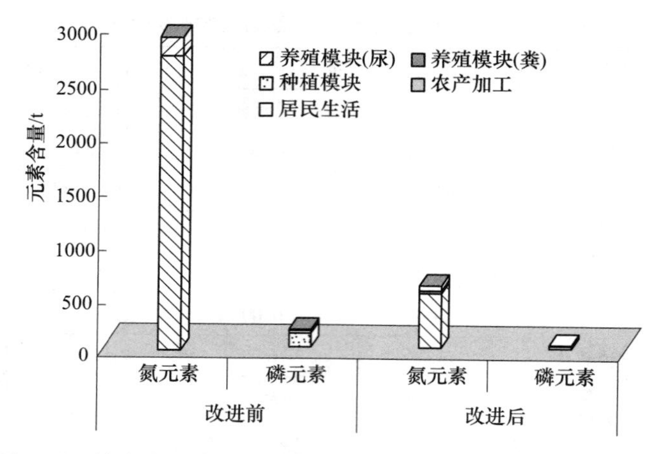

图 6-21　技术改进前后各模块水体氮磷污染排放量模拟结果对比

6.5.2　工程优选论证

前面已计算出户用沼气池资源转化率 84.78%，其余各项工程技术的资源转化率均达到 90%以上，在不计建设运营成本的条件下，均具有较高的推广价值。但不能每项技术都大规模推广，必须优中择优，实现技术与资源的合理配置。根据当地物价水平，对各种措施的建设、运营成本以及年净利润进行核算、比较，如表 6-12 所示。其中人工费 30 元/d，有机固体废物收购价按照 80 元/t（湿重），沼液沼渣、成品有机肥的出售价格按照 120 元/t（湿重），沼气价格按照 0.9 元/m^3，水费 0.29 元/t，电费 0.26 元/度。

表 6-12　各种技术处理 1t 有机固体废物成本核算一览表

类别	基质化栽培技术	有机肥厂	中温沼气站	集中收集站	适度集中收集站	户用堆沤池	户用沼气池
建设成本/元·t^{-1}	11.7	8.6	29.3	2	6.8	20	22.1
运营成本/元·t^{-1}	212	43.1	52.9	0.4	0	0	0
总成本/元·t^{-1}	223.7	51.7	82.2	2.4	6.8	20	22.1
总收入/元·t^{-1}	439.7	77.4	125.2	24.9	29.3	42.5	58.6
净利润/元·t^{-1}	216	25.7	43	22.5	22.5	22.5	36.5

由于适度集中收集工程和户用型处理设施的人工成本来自养殖户自有劳动力，因此，该部分的运营成本忽略不计；基质化栽培过程需要购买牛粪、稻草、大蒜秸秆，还要外源添加石膏、碳酸钙、过磷酸钙和石灰等以补充矿物元素，运营过程需要少量工作人员对菇床进行保湿和通风，耗费少量的人力、水资源。集中收集站的建设以方便有机肥厂的工艺流程为利，建设费用包括收集站内需配套

相关的固液分离、运输设备，运行费用来自运行过程耗费的水、电、燃料费用。有机肥厂的建设费用主要包括建设过程配置的发酵设备、运输设备、破碎及鼓风设备等，运营过程的水、电、燃料、设备维护费用。中温太阳能沼气站（包括射流搅拌中温发酵罐）的建设费用包括发酵罐、太阳能供热系统、运输设备等，运行费用包括水、电等费用。

本书采用权重总和计分排序法，从环境方面（主要考虑资源可转化程度，对环境有害物质的减排程度，对公众安全和健康的减小程度）、经济方面（主要考虑费用效益的合理性，最大程度降低成本）、技术方面（技术成熟易于运维，易于施工）、前景方面（符合产业政策，实用性强，易于推广）等方面对技术优选进行综合分析。根据各因素的重要程度，将权重值简单分为三个层次：高度重要性（权重值 8~10）；中等重要性（权重值为 4~7）；低重要性（权重值为 1~3）。根据农村地区资源丰富、经济水平较低的现状，将各权重因素值（W）规定如下：经济可行性 $W=10\sim9$；推广应用前景 $W=8\sim9$；污染减排效果 $W=7\sim8$；可实施性 $W=5\sim6$；资源转化程度 $W=3\sim4$。根据前文对各项技术的实验分析，邀请有关专家结合当地环保发展规划，就本书提出的各因素按照表 6-13 提供的数据或信息对每个备选的工程技术进行打分，分值（R）从 1 到 10，以最高者为满分（10 分）。将打分与权重值相乘（$R\times W$），并求所有乘积之和（$\sum R\times W$），即为该备选重点总得分，再按总分排序，分数越高说明该项工程技术的适用性越强。收集工程是必选项目，因此表 6-13 中没有对该项再进行深入的分析。

根据表 6-13 的计算结果，洱海北部流域有机固体废物氮磷污染控制最优技术排序为：户用沼气池>户用堆肥>基质化工程>沼气工程>有机肥厂。在收集工程的收集效率达到 80%的条件下，统筹考虑各项技术的经济、环境、社会可行性，洱海周边地区环境、经济和社会效益最好的技术为改进型户用沼气池和户用堆沤池，其次为基质化培养食用菌技术、沼气工程和有机肥厂。

表 6-13　权重总和计分排序法优选工程技术

权重因素	权重值 $W(1\sim10)$	备选工程技术得分									
		户用堆肥		有机肥厂		户用沼气池		沼气工程		基质化工程	
		R	$R\times W$	R	$R\times W$	R	$R\times W$	R	$R\times W$	R	$R\times W$
经济可行性	10	10	100	8	80	10	100	7	70	9	90
推广应用前景	9	9	81	9	81	9	81	9	81	9	81
污染减排效果	7	5	35	3	21	6	42	7	49	5	35
可实施性	5	5	25	4	20	5	25	4	20	5	25
资源转化程度	3	1	3	1	3	2	6	3	9	2	6
总分 $\sum R\times W$			244		205		254		229		237
排序		2		5		1		4		3	

对植物性固体废物的处理建议采取饲料化技术措施为主，作物秸秆粗纤维、粗蛋白含量较高，采取适宜的生物处理方法可使其降解为营养丰富的微生物菌体蛋白及大量可用的代谢产物，使饲料营养价值增加，适口性增加。基质化技术应作为秸秆饲料化技术的辅助技术。洱海北部流域基质化培养食用菌技术建设规模不宜超过 20000m^2。饲料化和基质化不但杜绝了露天焚烧和燃烧带来的温室气体排放问题，富余饲料和食用菌的出售还可以为农户带来一定经济效益。

人畜粪便、农产品加工废弃物的处理处置以户用堆肥池和户用沼气池为主，户用堆沤池和户用沼气池修复技术易操作、成本低、易推广。有机肥厂和中温沼气站投资成本较高，日常运行、维护需要耗费较大的人力和财力，不宜大规模建设。有机肥厂建设规模不宜超过年处理量 3 万吨，成品有机肥可在流域内外进行商品交易。

6.6　本章小结

沼气发酵技术、基质化栽培技术和堆肥化技术主要针对农村、农业有机固体废物的减量化、无害化、资源化要求开展研究。本研究通过对改进技术在项目核心控制区域内示范工程进行跟踪监测及核算，结果表明技术示范最终实现了对区域内种植、养殖废物收集、处理，削减氮、磷污染负荷，达到项目预设的养殖废物控制率 80%的目标。其中：固体废物收集率达 80%之后，由固体废物造成的水体直接或间接排放的氮、磷消减量分别为 2101.15t/a、124.17t/a，削减率分别达 80%以上；堆肥化技术改进后比改进前 NH_3 排放量减少 50%，户用沼气池比原沼气池排放 NH_3 减少 70.04%，沼气发酵工程改进后实现减排 NH_3 为 92.17%。

在得出研究区域内技术改进后的减排效果基础上，本研究运用权重总和计分排序法，从环境方面（主要考虑资源可转化程度，对环境有害物质的减排程度，对公众安全和健康的减小程度）、经济方面（主要考虑费用效益的合理性，最大程度降低成本）、技术方面（技术成熟易于运维，易于施工）、前景方面（符合产业政策，实用性强，易于推广）等方面对本研究所提技术进行优选论证。结果表明，要达到收集处理效率 80%的目标，收集工程是控源的必选项目，而针对洱海周边地区环境、经济和社会效益最好的技术项目则为户用沼气池和户用堆沤池，其次为基质化培养食用菌技术、沼气工程和有机肥厂。

7 工程运行保障措施研究

采用意愿调查法（CVM），对洱源县洱海流域六乡镇进行随机抽样调查。调查内容主要针对种植模块废弃物、养殖业废弃物以及厨余垃圾等废物的产利用情况和现有处理设施的处理能力等问题，询问农户关于固废处置方式的意见。在充分考虑了不同民族、不同行业、不同文化水平等因素之间的差异条件下，设计调查问卷2000份，收回有效问卷1884份，问卷回收率94.25%，有效率91.38%，产生无效问卷的主要原因是问题回答不完整。调查过程中采用偶遇抽样调查法，对当日在家或者街道偶遇的农户进行随机问询记录。

7.1 调整现行养殖模式

对洱源县邓川镇和三营镇农户的随机抽样问卷调查结果，98%的农户养殖奶牛，散养奶牛数量集中在2头，养殖3头以上的农户所占比例不到半数（图7-1）。根据抽样调查农户散养数量与年收入结果，在奶业价格不断变动的条件下，农户年收益均和养殖数量呈正相关（图7-2）。因此说明，农户散养数量越少亏本的可能性越大，这也是多数居民认为养殖奶牛亏本的重要原因。

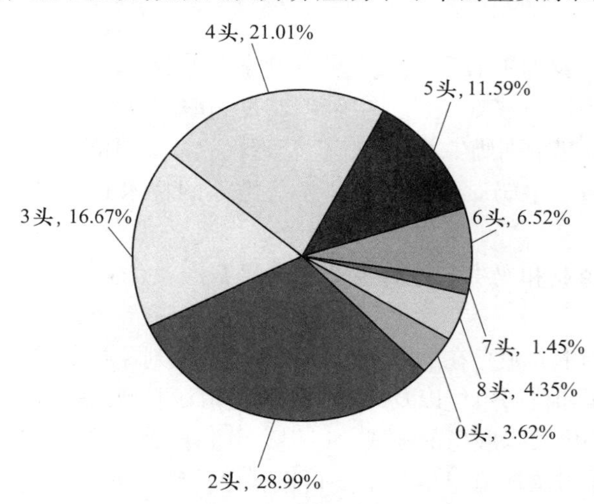

图7-1 散养数量抽样调查

在调查过程中发现，由于奶牛粪便产生量较大，而无有效的控制措施，造成

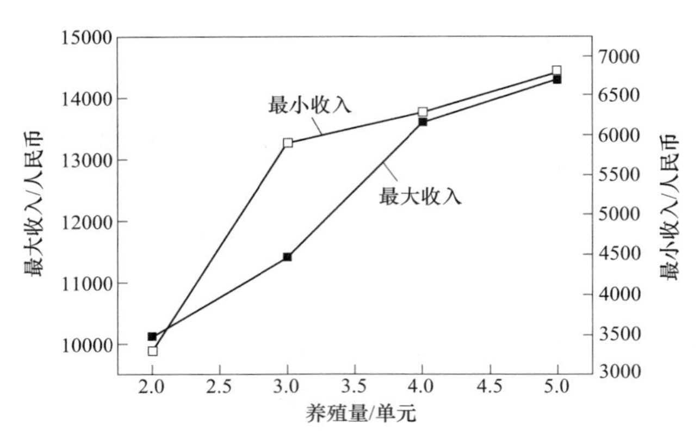

图 7-2　散养数量与年经济收益相关性

洱源农村地区奶牛饲养的卫生条件较差，村落中奶牛粪便随处可见，给村落环境造成了极大的污染。加之农村居民文化水平较低，缺乏科学的饲养管理，导致奶牛的产奶期持续时间普遍较短，一般高峰期持续 3 个月，并且管理方式不同造成不同家庭高峰产奶量也有很大差别，最高 30kg/d，最低 7kg/d。产奶期持续总时间最长为 8 个月，与发达国家平均水平 10 个月还相差甚远（National Feed Office，2008）。

综合分析结果，洱海北部流域奶牛业目前存在许多问题亟待解决：

一是优良奶牛数量不足，奶牛单产较低；

二是以农户散养为主，饲养管理粗放，粪便随意堆置，卫生状况不佳导致鲜奶质量难以提高；

三是饲草生产及加工滞后，农户多数自家田地割杂草喂牛，饲料品质不高；

四是疫病防治还不够规范，卫生较差，发病率较高；

五是虽然建设起个别奶牛养殖场，但管理粗放，只是能达到防止牛奶掺假，还达不到在牛群质量、牛奶质量、饲养科学等方面的技术开发和创新（J. D. Keyyu，2005.）；

六是以龙头企业和奶牛基地为主链点的奶畜产业化开发技术服务、创新体系尚未建立。

针对洱源县奶牛养殖存在的问题，根据当地居民对集中养殖提出的意愿，本研究提出，通过企业和科研单位以及政府联手，由洱源县政府对征地进行扶持、企业出资、研究单位提供技术服务的模式，以提高洱源县奶牛养殖经济效率、增加牛奶单产产量以及改善村落环境卫生为主要目标，由传统散养逐渐向集约化方向发展，在洱源县建设集约化养殖小区，养殖小区运营管理模式如图 7-3 所示。

（1）以集中提供综合服务为特点，由资金充裕的企业牵头建设养殖小区并提供全套设施（包括大型挤奶机）以及奶牛饲养、育种、疾病预防等服务。

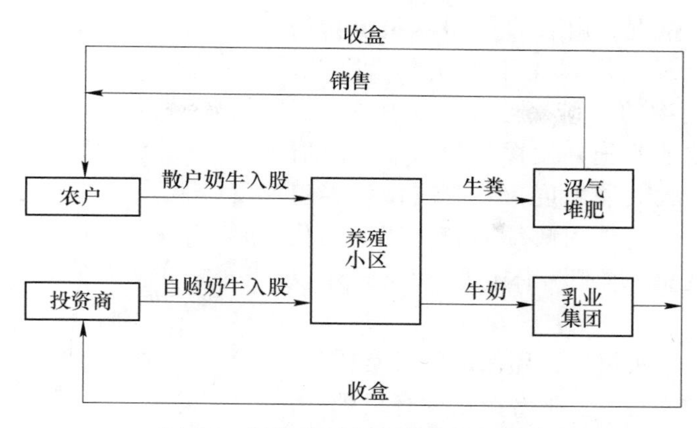

图 7-3 洱海流域集中养殖模式设计

（2）愿意加入养殖小区的奶农将自己的奶牛牵入小区集中饲养，业主对进入小区的奶牛进行集中收奶、统一销售、定期结款，使养殖户享受到更多的实惠。

（3）广场所有者赚取原料、牛奶以及成品有机肥的差价，凭借源奶的数量可以加强与乳品公司的谈判能力，享受较高的奶价和优先付款等条件。

（4）奶农得到的奶款比自己联系牛奶收购站的价钱要高些。

（5）小区内自建有机肥加工厂，养殖粪便经加工成为成品有机肥料后以商品形式售还给养殖户。

这种模式将分散的资源有效地结合起来，具有极强的规模效益和竞争力，并且可以形成奶源垄断地位。示范合作将通过品种引进、技术推广、技术培训、示范引导、企业化经营、政府参与管理等手段，推动洱源县奶牛良种的选育、繁殖及引进工作，从根本上解决洱源奶牛品质较低的问题，促进洱源奶牛饲养由传统养殖向现代化科学生产转变。该奶牛养殖示范合作模式是解决洱海流域分散农户集中饲养、集中挤奶、统一防疫、统一技术服务的合理养殖模式。

7.2 收集-堆肥一体化工程管理模式

本书经抽样调查分析，洱海北部流域内 90%农户支持采用适度集中的方式进行种植、养殖、生活废物的收集。根据每个养殖户养殖情况及规划适度集中点位置，分配到堆沤池，既照顾到了农户的需要，也照顾到管理和监督、降低收集堆肥一体化工程的建设成本。养殖户居民普遍承认散养堆肥的效果不好，希望能使用上经专业技术堆置的有机肥。但同时，农户也表示出了对集中收集后养殖废物的处理方式以及成品有机肥的分配机制的担忧。

如图 7-4 所示，研究区内多数农户接受养殖废物适度集中收集堆肥一体化和集中收集堆肥一体化的模式，而对于农户关心的收集运营、利益分配模式，应在借鉴国内外各种成功案例基础上，发展洱海流域地区的特色模式。但是根据洱海流域农户经济情况，由农户承担养殖废物的统一收运、处理费用显得不切实际。因此，要保证养殖废物的“统一收集、集中处理”模式得以有效地实施并发挥长效机制，政府在此方面应加大关注力度，政府应该将养殖废物的收运规范化纳入政绩考核，切实强化环境管理。收集-堆肥一体化管理模式建议如下：

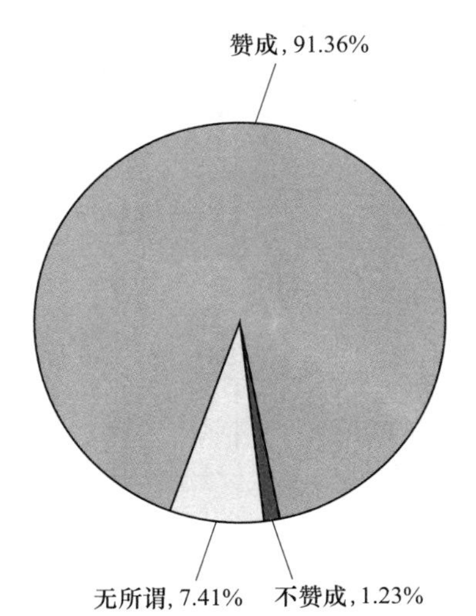

图 7-4　洱海北部流域有机固体废物集中收集意愿抽样调查

(1) 政府牵头组织，环保部门日常监督，农业部门日常管理；企业出资建设有机肥厂，政府筹建集中收集站并以补助名义供有机肥厂无偿使用，同时对有机肥厂减免税收。鼓励有机肥厂业主寻找技术经验丰富的科研院所进行合作，科研院所为企业提供养殖废物堆制有机肥的成熟技术。

(2) 企业配备经专业化培训的技术服务小组，加强对当地农民的知识宣传和技术培训，同时应对并处理所有养殖废物堆肥技术问题，对已建户用型收集堆肥池的技术服务适当收取技术服务费用。

(3) 企业对原料实行市场价格差异制收购，按质量等级划分价格等级；成品有机肥则以高出原粪价格的商品售出，企业赚取二者差价。

(4) 为提高收集机制的实效性制定奖惩措施：各村设置专人专职负责监管有机固体废物收运并建立监管记录，每年终以乡镇为单位，根据各村环境卫生状况进行固体废物收集监督先进个人、村委会干部环境卫生先进个人、村委会环境卫生先进集体评选，先进个人奖励 1000~2000 元，先进集体奖励 5000 万~8000 万元。先进个人每村委会 2 人，先进集体每 5 个村委会 1 个，由州（市）级环保专项资金承担。

7.3　沼气工程运行管理

如图 7-5 所示，67%的农户希望自己村里能建设大中型沼气站，22%的农户不支持建沼气站，意见不明了的农户占了 11%。不支持建设沼气站以及意见不明了的农户主要是因为目前流域内已建的沼气站运行不够稳定，担心发酵产物沼气、沼渣等的分配机制问题，还有一部分农户自家户用沼气池产气够用而不关心是否建大中型沼气站等等。但从总体来讲，大中型沼气工程的建设得到了大多数居民的赞成。

现有中型沼气工程服务用户不足 100 户，通过估算日处理能力与项目收益之间的关系（图 7-6），根据分析，日处理量为 9t 及以上才能保证经济获得正效益。由于洱海现有沼气工程实际日处理规模达不到 9t，因此，本书建议在改进工艺技术的基础上，应扩大沼气站日处理规模。

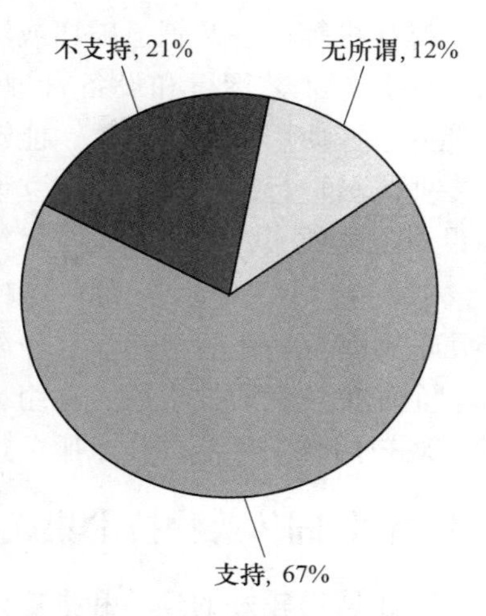

图 7-5 大中型沼气工程建设意愿抽样调查

中型沼气工程的管理维护是确保工程正常运行的关键，建立健全的运行管理机制是工程良好运行的保障。洱海流域目前已建沼气工程建设用地由政府征取，沼气站的所有权属政府，资金来源政府补贴和企业主投资相结合，企业主拥有沼气站的运营权和维护义务。本书提出从以下几方面加强工程运行管理：

（1）政府牵头组织，企业出资建设，环保部门日常监督，农业部门日常管理；对沼气站业主免税，鼓励业主与技术经验丰富的科研院所合作，科研院所为沼气站提供养殖沼气发酵调控技术。

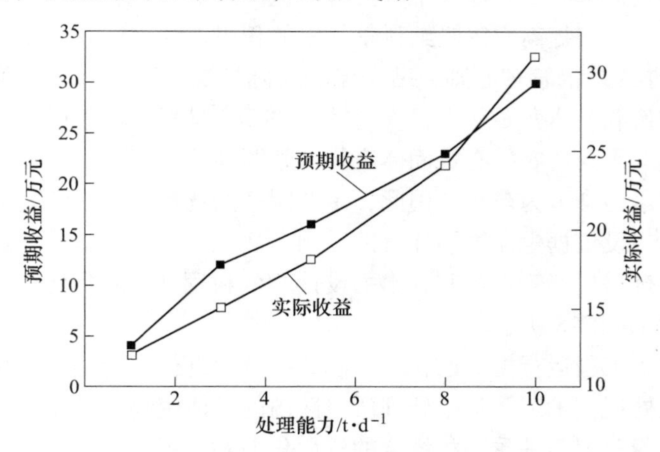

图 7-6 日处理能力与运行收支的相关性

（2）加强农民知识和技能培训。企业配备专职技术服务小组，应对并处理所有沼气站技术故障，对已建户用型沼气池的技术服务适当收取服务费用。做好用户的安全用气教育，制定安全事故应急预案。进行工艺技术培训、设备使用培训、安全生产教育。

（3）强化原料管理，实行市场价格差异收购原料，以质量取胜；企业赚取原料与沼气、沼液、沼渣之间的差价。预处理对原料实行质量控制，要求原料中不应含有砖块、石头、玻璃、金属、布条、塑料袋、树枝大块杂物，以免对输送泵、搅拌机等设备及管道破坏或堵塞。

（4）对工艺运行和设备管理，要求操作人员经过专业技能培训，熟悉设备性能并掌握使用及维修方法，能够及时排除故障，并由工程建设安装公司定期派遣专业人员进行维护保养。建立设备维护保养登记制度，维护设备正常运行，提高设备工作效率，及时提供技术维修支持，也是确保工程正常运行的基础。

（5）户用型沼气池：参照户用型堆沤池运营模式，沼气站业主与技术经验丰富的科研院所进行合作，科研院所为沼气站提供沼气发酵动力学等方面技术支撑。企业配备专职技术服务小组，应对并处理所有户用沼气池和沼气工程技术问题，对户用型沼气池的技术服务适当收取技术服务费用。

7.4　农村固体废物技术集成示范模式

为了取得较好的经验和推广效果，政府在管理中应以不增加农村散户经济负担、固体废物运输方便为原则，在政策和资金扶持上予以大力支持。政府在农村固体废物管理减排中的主导地位十分关键，但同时要得到农民的支持和推动，因此，加强宣贯培训，提高农民吸纳科学技术的积极性和主动性也十分重要。基于“先示范，后推广”的管理原则，结合流域实际情况，建议选择污染严重村落进行“农村固体废物技术集成示范区”建设。图 7-7 是根据本书研究结果描绘初步建立的洱海北部入湖口农村有机固体废物污染源强分布图，由图可见，洱海北部入湖口附近村落污染最为严重，因此，示范园区的选择应考虑入湖口村落。

示范园区建设依据生命周期评价的原则，从原料的产出、运输、加工到最终产品渐进性全过程规范管理控制，本书设计“农村固体废物资源化技术集成示范区”运行模式如图 7-8 所示。

示范区收集工程运行模式已在本书 7.2 小节中进行了论述，利用本书论证的农村固体废物处理技术工艺集中处理研究区内的固体废物，采用好氧堆肥、中型沼气工程、培养食用菌基质等相结合的资源化循环利用技术体系，使固体废物实现“在系统内产生、在系统内消耗、对系统外零排放”的目标。具体操作流程如图 7-8 所示。

（1）有机固体废物被收购并集中后在收集站内进行分选预处理，拣出废物中不可降解的物质（如玻璃、铁削、建筑垃圾等）。

（2）分拣后的废弃物分为三部分：一部分进入有机肥厂的固液分流系统，粪渣进入有机肥厂的混合料车间，采用好氧生物堆肥技术制得有机复合肥。

（3）经固液分流所得的液态养殖废物和一部分分拣后的固体废物则运送至中型沼气站进行厌氧消化，产生的沼气用于供热或发电；沼液用泵抽送回流至发酵罐，减少外排污染的同时增加发酵罐动力，提高发酵水平；沼渣进一步制备营养土或者回收至有机肥厂制成品有机肥。

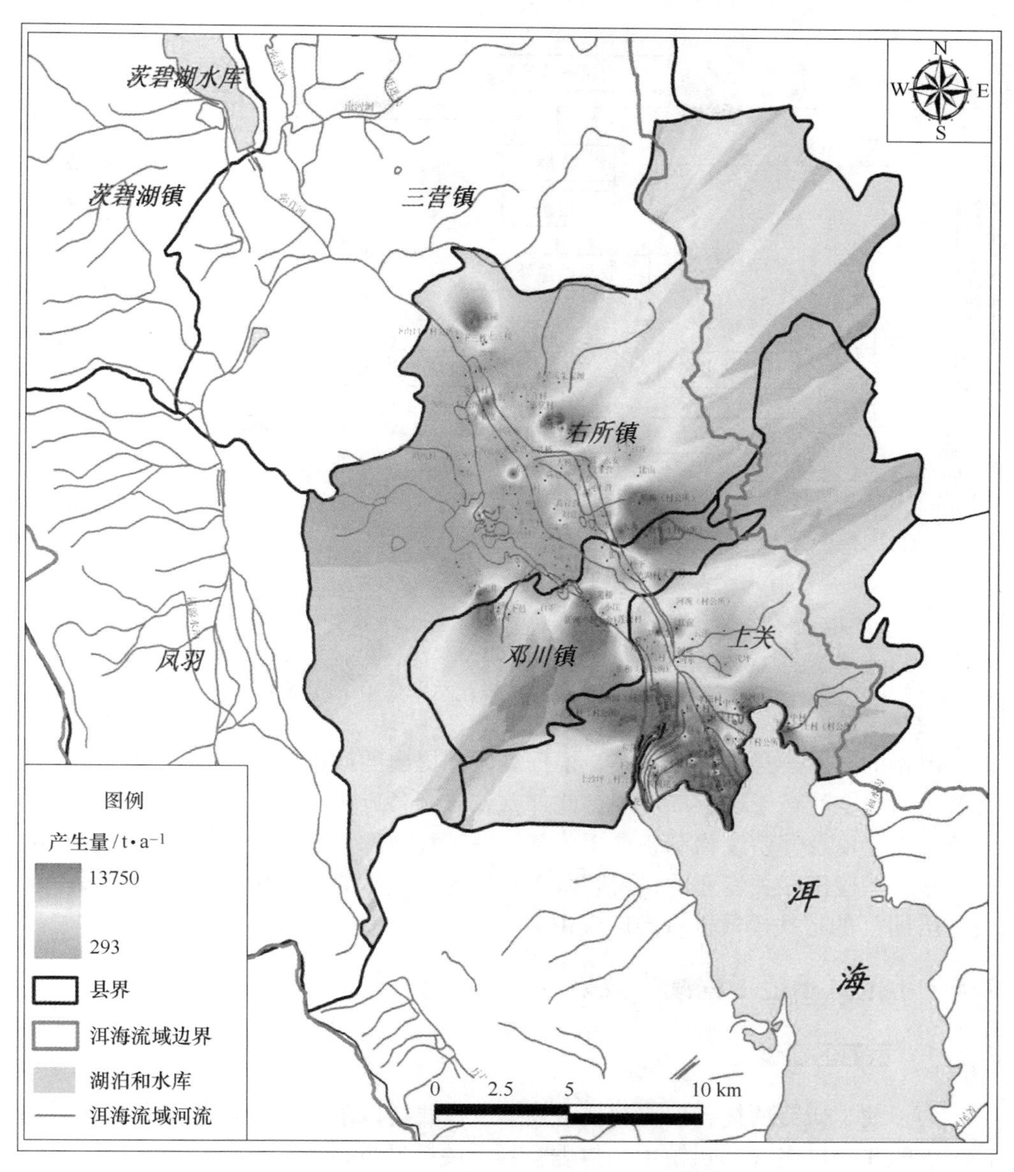

图 7-7 洱海北部流域有机固体废物污染源强分析

（4）剩余一部分分拣后的固体废物用于基质化培养食用菌消耗，食用菌培养结束的废料回收至有机肥厂制成品有机肥。

上述“农村固体废物技术集成示范园区”模式，既解决了非集约化畜禽养殖污染问题，又促进了农业生态系统中种养间物质循环和能量转化，达到种养区域平衡。由于大中型沼气技术在我国还处于技术开发阶段，对所建示范工程应该

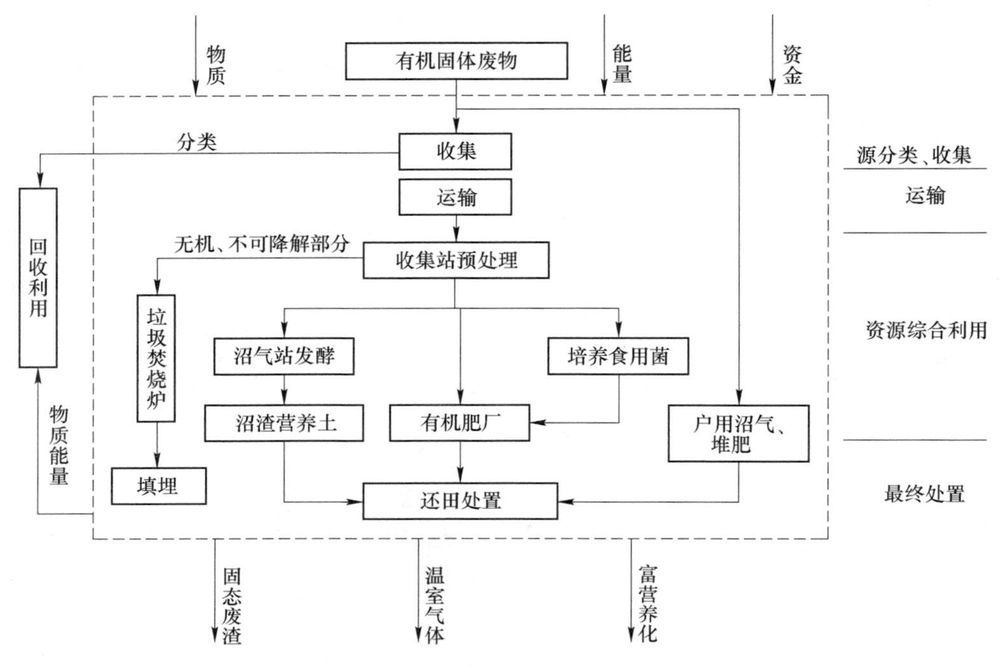

图 7-8　有机固体废物资源化技术集中示范模式

进行严格的技术、经济指标考核，根据本研究提出的改进措施对现有沼气工程进行改进后在全流域予以推广应用。此外，鉴于制备有机肥、沼气发酵技术、沼渣制备营养土以及养殖废物制备食用菌基质等工程技术工艺复杂，按照本书提出的合作模式，应由相关专业的科研院所将其作为公益事业，采用“设计—建设—移交—培训”的帮扶模式进行推广应用。

7.5　示范区示范工程减排效果

7.5.1　示范区建设

为了使本研究所提各项控制技术及运营模式得以落实，项目选择了流域入湖口附近的 3 个村庄（邓川镇中和村委会、上关镇漏邑村、兆邑村和沙坪村）进行技术集成示范工程建设。以漏邑村委会为中心建立了农村固体废物资源化技术集成示范区，示范区内实施集中养殖、堆肥化、沼气化及基质化技术联合集成示范建设。示范区范围以及示范工程地点见图 7-9。

示范工程的主要建设内容包括：对示范区内居民进行技术及管理培训共 300 人次；建立 200 头奶牛规模的低污染养殖小区；建立 1 座规模为 10000t/a 的集中收集站；建立成品有机肥生产规模为 12000t/a 的有机肥厂；建立 1 套处理能力为

10t/d 固体废物的射流搅拌中温太阳能沼气发酵装置，可供 150 户村民生活用燃气；建立生产规模为 10000t/a 的基质化利用基地；改进 50 个户用沼气池，建立 100 套收集堆肥一体化装置，改进 100 套户用堆沤池装置，示范工程分布在兆邑村、漏邑村、马甲邑、新州村及中和村（如图 7-9 所示）。

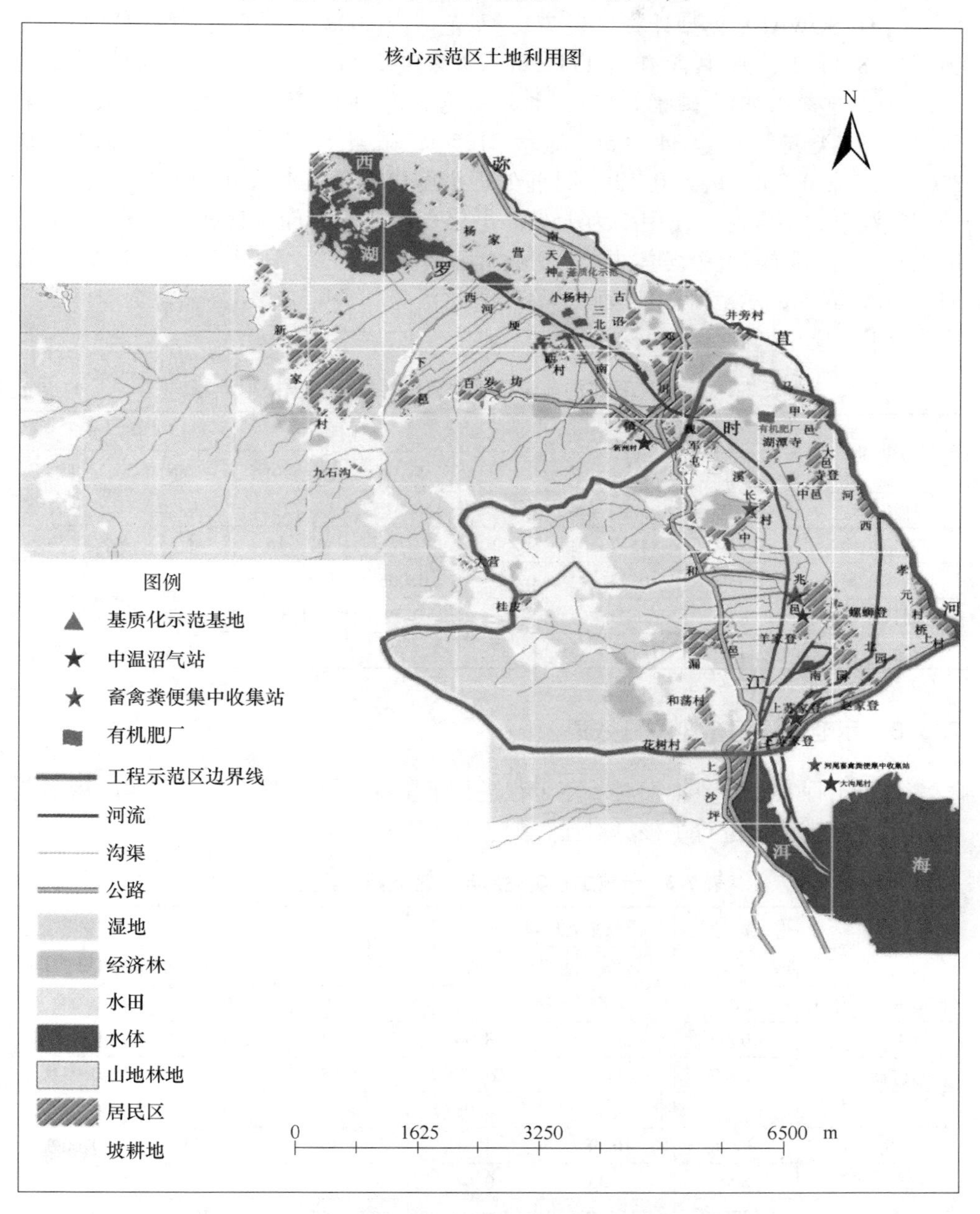

图 7-9 有机固体废物资源化技术集成示范区

7.5.2　示范建设前污染排放量模拟计算

示范区 2008 年常住人口有 15610 人，养殖畜禽共 22812 头，农作物产量共 344.36t 干基。

由 ORSOWARE 模型计算（表 7-1）示范区内 2008 年有机固体废物总产生量为干基 8711.2t，其中含氮素 171.36t、磷素 49.25t。其中，农作物秸秆干基 263.75t，氮素 3.71t，磷素 0.92t；畜禽粪便干基 8101.95t，氮素 145.78t、磷素 39.32t；人类粪便干基 341.86t，氮素 21.54t、磷素 8.89t；其他有机垃圾干基 3.64t，氮素 0.33t、磷素 0.12t。目前处理措施以露天堆沤（1009 座）为主，户用沼气池已建 103 座，使用率为 15%。每年直接或间接向水体排放氮素 10.11t、磷素 0.74t，排放温室气体共 37.98t（直接排放量为 3.05t、间接排放量为 34.88t）；因此，示范区固体废物的富营养化潜势为 24.32t PO_4^{3-}-eq，全球增温效应为 0.01t CO_2-eq。

表 7-1　示范工程实施前示范区内氮磷污染排放量模拟计算

类　别	有机固体废物			气体排放		水体排放	
	干重	氮含量	磷含量	N_2O	NH_3+NO_x	TN	TP
种植模块	263.75	3.71	0.92	0.31	1.13	0.28	0.01
养殖模块	8101.95	145.78	39.32	2.62	29.16	8.55	0.59
农产加工模块	3.64	0.33	0.12	0.006	0.07	0.02	0.002
居民生活	341.86	21.54	8.89	0.39	4.31	1.26	0.13
总　计	8711.20	171.36	49.25	3.05	34.88	10.11	0.74

7.5.3　示范建设后污染减排效果

示范工程实施后，本书对示范工程进行了跟踪监测，对示范工程实施后示范区的污染减排情况进行了核算对比，如表 7-2 所示。

表 7-2　示范工程实施后示范区氮磷污染排放量

示范工程	规模 $/t \cdot a^{-1}$	收集处理量 $/t \cdot a^{-1}$		气体 $/t \cdot a^{-1}$	水体 $/t \cdot a^{-1}$	
		氮	磷		氮	磷
收集堆肥一体化	1600	4.66	1.34	0.19	0.023	0.004
集中收集站	10000	29.10	8.36	5.82	0.145	0.026
有机肥厂	35620	103.65	29.79	4.15	0.518	0.092
户用沼气池	1168	3.40	0.98	0.12	0.017	0.003
沼气工程	3600	10.48	3.01	0.36	0.052	0.009
基质化工程	800	2.33	0.67	0.47	0.012	0.002
合　计	52788	153.61	44.15	11.09	0.768	0.137

示范区内有机固体废物的产生量为58886.79t（湿基），示范工程的总体收集处理规模达到52788t（湿基），收集处理率达89.64%。表7-1根据工程实际运行情况计算了工程实施后示范区内由有机固体废物造成的水体氮排放量为0.76t、磷0.14t；由有机固体废物中氮素引起的温室气体排放量为11.09t。与示范工程建设前污染排放量进行对比，示范工程实施后有机固体废物对水体减排了9.35t氮、0.6t磷，水体减排率达到92.48%和81.08%；对氮素类温室气体减排了26.89t，减排率达到70.8%。由此表明，根据本书技术方案实施的示范工程，减排效果良好。截至目前全部示范工程仍正常稳定运行，图7-10是本书示范工程图片集。

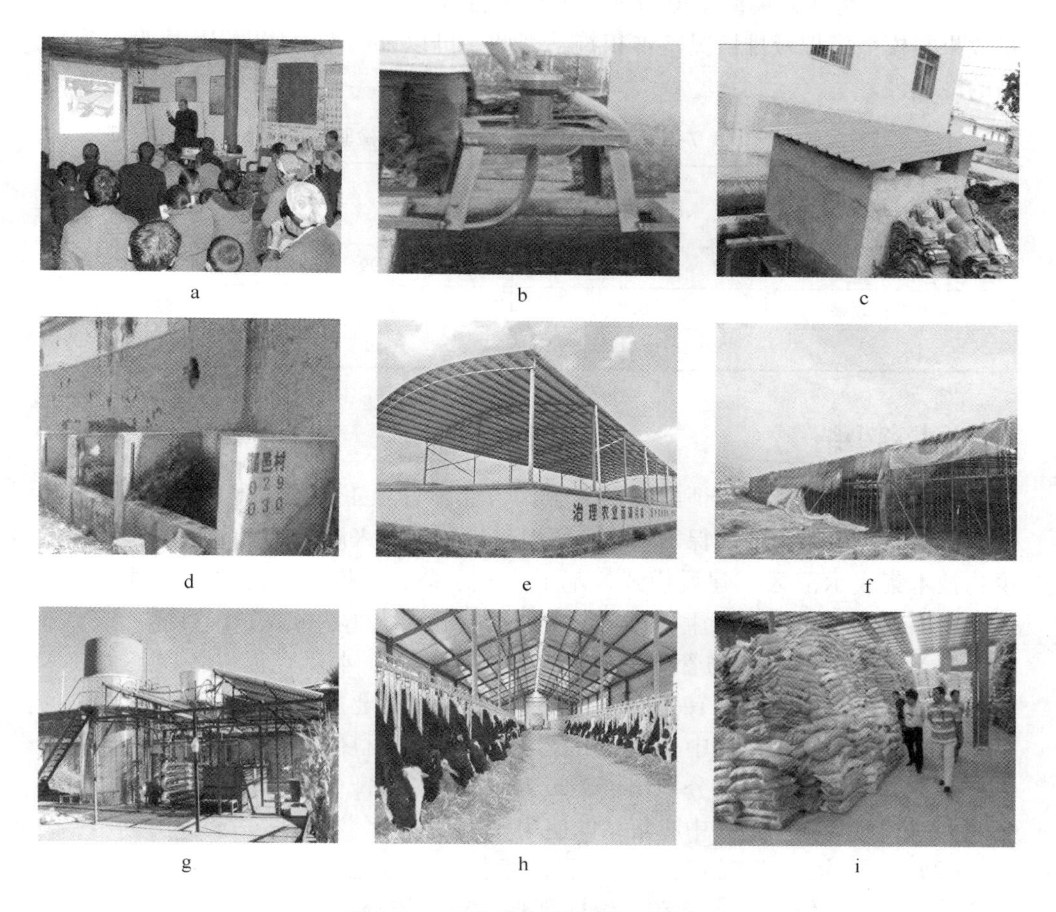

图7-10　示范工程运行现场图片集

a—技术培训现场；b—户用沼气池增压搅拌装置；c—收集-堆肥一体化装置；
d—适度集中式堆肥装置；e—集中收集站；f—基质化示范基地大棚；
g—射流搅拌中温太阳能发酵装置；h—奶牛集中养殖小区；i—有机肥厂

7.5.4　ORSOWARE 模型准确性验证

在 6.5.1 小节中，ORSOWARE 模型模拟计算了整个洱海北部流域内采用各项技术后有机固体废物的氮磷污染减排情况，最终模拟计算结果为：在收集率达到 80%的基础之上，有机固体废物对水体的氮、磷减排率达 91.99%和 87.99%，氮素类温室气体减排率达到 70.39%。

而根据示范工程运行实际情况，示范区在示范工程建设实施后，由有机固体废物氮磷引起的水体氮、磷减排率分别达到了 92.48%和 81.08%，温室气体减排率达到了 70.8%。

由表 7-3 可知，模型模拟结果与示范运行效果之间误差均小于 0.7，实际运行效果与模型模拟减排情况基本相符，因此，可以证明 ORSOWARE 模型具有较高的准确性。

表 7-3　ORSOWARE 模型准确性检验

类　别	气体减排率/%	水体减排率/%	
		氮素	磷素
模型模拟结果	70.39	91.99	87.99
示范工程效果	70.8	92.48	81.08
误　差	0.41	0.49	6.91

7.6　本章小结

在第 6 章工程优选论证的基础之上，为保障各项工程技术能够连续、稳定、有效运行，提出了对应的保障策略，同时提出了洱海入湖口村落实施“农村固体废物技术集成示范区”建设模式，基于“先示范，后推广”的原则，最终使固体废物实现“在系统内产生、在系统内消耗、对系统外零排放”的目标。

（1）农村固体废物的管理减排关键在地方政府。本研究提出各项工程技术由政府牵头组织，政府拥有各项工程的所有权，由行业主管部门负责固体废物的日常监管和统一收集、集中处理；由技术经验丰富的科研院所与运营企业合作提供技术支撑平台，由运营公司出资建设并提供专业化、社会化的跟踪服务模式，公司同时拥有养殖废物集中收集站的使用权。

（2）为保障工程实施后各项工程技术能够连续稳定运行并发挥长效机制，本章提出“在系统内产生、在系统内消耗、对系统外零排放”的“农村固体废物资源化技术集成示范区”建设及运行模式。

（3）根据“先示范，后推广”的原则，本文提出的各项技术在洱海北部入湖口 5 个行政村进行了示范工程建设。示范工程实施以后，示范工程对水体减排了9.35t氮、0.6t磷，水体减排率达到92.48%和81.08%；示范工程减排氮素类温室气体26.89t，减排率达到70.8%。各项技术减排效果良好，运行保障措施也相继建立健全，截至目前各工程保持连续稳定运行记录。

（4）将示范工程实际运行效果与ORSOWARE模型的模拟减排结果进行对比，模型模拟结果与示范运行效果之间误差均小于0.5，实际运行效果与模型模拟减排情况基本相符，证明ORSOWARE模型具有较高的准确性。

8 结论和建议

8.1 研究结论

本书依托国家“十一五”重大水专项湖泊主题中“富营养化初期湖泊（洱海）水污染综合防治技术及工程示范”（项目编号：2008ZX07105）的资助，对2008年洱海流域的种植作物、养殖废物、居民生活垃圾做了大量的实验室分析测试和实地入户调查，进行基础数据分析，走访大理州及洱源县的多个相关部门进行资料收集，查阅大量文献以获取最全面的源数据。根据实地调研情况，借鉴ORWARE模型、BIOWARE模型构建理念，进一步结合生命周期评价和层次分析法，以元素N、P在研究区域内种植、养殖、居民生活之间的通量及存在状态分析为主线，建立了洱海北部流域农村有机固体废物元素流分析模型（ORSOWARE）。通过ORSOWARE模型模拟计算了洱海北部流域有机固体废物引起的水体和温室气体直接或间接氮磷污染排放量，得出养殖废物无控排放和作物秸秆的露天燃烧是流域污染控制的重点。根据模型分析结果，通过实验研究一系列适用于洱海北部农村地区的固体废物资源化利用的实用技术并进行优选，最终在研究区域内进行了工程示范。现场运行效果表明示范工程采用的各项技术减排效果良好，正常稳定运行，同时根据现场运行需求，论文提出了保障各项工程技术稳定正常运行的管理模式，为示范工程移交地方政府后的后续稳定正常运行提供了保证。

主要研究结论如下：

（1）洱海北部流域农村有机固体废物无控排放量大，污染严重。洱海北部流域农村固废排放主要为种植和养殖固废。种植作物以稻谷、玉米、大麦、蚕豆、大蒜、烤烟为主，固废为作物秸秆，目前秸秆的处理方式为露天焚烧和灶内燃烧两种，多余的秸秆则随意堆置、丢弃，没有规范的处理设施；养殖业主要污染源为牛粪便和猪粪便，每年有128.08万吨（湿基）畜禽粪便得不到有效地控制，畜禽粪便污染造成的空气和水体污染不容乐观。由于流域内养殖牲畜业发达，居民生活产生的人类粪便以化粪池处置，餐厨垃圾目前基本全部回收用于饲养牲畜，没有外排至环境。

（2）洱海北部流域农村有机固体废物元素流分析模型（ORSOWARE）建立，在有机废物分析模型（ORWARE）和中国生物质废物研究模型（BIOWARE）基础上，结合生命周期评价和层次分析法，以元素 N、P 在研究区域内的流动及状态分析为主线，建立了洱海北部流域农村有机固体废物元素流分析模型（Organic Solide Waste Research，ORSOWARE）。该模型可用于洱海北部流域农业有机固体废物元素流分析及环境影响分析，从宏观上评价流域有机固体废物的产生量、有机废物处理处置过程中对水体和大气的污染，可以满足洱海北部流域环境影响分析需求。

（3）利用 ORSOWARE 模型模拟计算了洱海北部流域 2008 年有机固体废物中氮磷污染引起的水体富营养化潜势。洱海北部流域居民在 2008 年食物消费过程中排放污染物的富营养化潜势为 847.51t PO_4^{3-}-eq。人畜粪便的直接排放是富营养化污染治理的首要控制因素。洱海北部流域畜禽养殖以人畜混居、散户圈养为主，养殖数量大、布局分散、管理难度大，人畜粪尿混合物以及冲圈废水、冲厕水直接排入沟渠进入流域水体。根据 ORSOWARE 模型计算结果，由人畜粪便混合物、冲圈（厕）水直排造成的富营养化污染潜势为 302.24t PO_4^{3-}-eq，是其他有机固体废物富营养化潜势的 7.13 倍，因此对散养畜禽粪便、人类粪便的有效收集处理是洱海富营养化治理的首要选择。

（4）利用 ORSOWARE 模型模拟计算了洱海北部流域 2008 年有机固体废物中氮磷污染对温室气体增温潜势的贡献量。2008 年研究系统内由有机固体废物中氮磷排放造成的温室气体增温效应为 0.35t CO_2-eq，有机固体废物的直接还田和各种粪便的堆沤、贮存过程是造成 N_2O 排放量大的直接原因，粪便堆沤、贮存和各种处理措施排放的 NH_3 是造成 N_2O 间接排放的主要因素。根据 2008 年研究区域温室气体排放结构，造成 N_2O 间接排放的除了养殖模块因素之外还包括种植模块作物秸秆的各种燃烧过程，燃烧过程产生的大量 NO_x 是造成间接排放 N_2O 的因素。因此，针对农村地区的温室气体减排重点控制养殖模块和种植模块，规范管理养殖废弃物的随意堆弃、无控排放，杜绝农作物秸秆的露天及灶内焚烧。

（5）利用 ORSOWARE 模型优选了氮磷污染控制关键技术，模拟计算了采用关键技术后的减排效果。有机固体废物有机质含量高，其处理处置的首要考虑途径是资源化循环利用。本书提出“源头控制、过程削减、末端治理”原则，在模型中选择了收集-堆肥一体化技术、户用沼气强化技术、中温太阳能沼气发酵技术、食用菌基质化利用技术以及有机肥生产技术。预测结果表明：采用上述技术后，在收集工程的收集率达 80%的基础之上，由固体废物造成的水体直接或间接排放的氮、磷可以分别削减 2101.15t/a、124.17t/a，削减率达 80%以上；堆肥 NH_3 排放量减少 50%，户用沼气 NH_3 排放减少 70.04%，沼气发酵 NH_3 排放减少 92.17%。

（6）示范工程实施。根据模型模拟结果，提出了洱海北部流域有机固体废物氮磷污染控制方案。将模型优选技术在洱海北部示范区内进行了工程集成示范，示范工程运行结果表明，采用模型建议的技术后，洱海北部流域内有机固体废物对水体减排了 9.35t 氮、0.6t 磷，水体减排率达到 92.48%和 81.08%；洱海北部流域内有机固体废物对氮素类温室气体减排 26.89t，减排率达到 70.8%。实际减排结果与模型预测结果基本相符，验证了 ORSOWARE 模型的准确性。

（7）管理制度建立。针对各项资源化技术提出了稳定运行的管理保障措施，为保证洱海北部流域农村有机固体废物污染控制技术的长期稳定运行奠定了基础。本文还针对农村固体废物的特性，建立了农村固体废物地方性系列标准《农村固体废物收集和利用技术要求》《云南省高原湖泊畜禽粪便收集、初加工标准》《云南省高原湖泊畜禽粪便收集站建设和管理标准》和《云南省生态有机肥地方标准》，上述标准涵盖了本论文提出的各项实用技术的选择与管理措施，通过该系列规范有力保障了洱海流域农村与农田面源防治的整体技术水平。

8.2　本研究创新点

（1）将农村有机固体废物从农村面源污染控制对象中独立出来，研究其对高原湖泊富营养化潜势以及温室气体增温潜势的贡献量，提出了系统的控制对策，是一个较新的研究视角，国内外相关报道较少。

（2）建立了小流域农村面源有机固体废物的元素流分析模型，对有机固体废物在收集、处理、利用等环节的污染排放情况进行了模拟研究，在模拟研究基础上提出了管理控制措施，为政府提供了农村固废处理管理依据。

（3）针对洱海农村面源污染现状，利用模型模拟方法，优选了沼气化、基质化、堆肥化等农村面源污染控制关键技术，构建了完整的农村面源固体废物污染控制技术体系与规范，实现了农村固体废物的高效处理。

8.3　建议

将农村有机固体废物对环境的影响和资源化技术开发从农村面源污染控制中独立出来进行研究，属于较新的研究方向，国内目前此类研究较少。而农村有机固体废物的环境影响及资源化又是一个涉及多学科、多领域的系统工程，因此，本论文还存在不足之处，本研究只是针对小流域农村面源中的有机固体废物特定元素进行了废弃物处理与大气污染、水污染及资源化利用之间关系初探。但是，从进一步掌握大流域乃至国家层面的有机固体废物的环境影响状况的角度出发，从为制定切实可行的有机固体废物控制对策提供理论支撑的角度出发，建议对下列内容进行深入研究。

（1）由于洱海的特征污染物为氮磷，本书建立的 ORSOWARE 模型没有考虑碳元素对环境的影响，主要针对氮磷元素进行了深入的分析研究，而湖泊富营养化和温室气体排放的大部分贡献也来源于碳元素，因此，建议下一步的研究中增加有机固体废物中碳元素的温室效应及对湖泊富营养化的影响潜势。

（2）本书构建的 ORSOWARE 模型是一个开放的系统，数据的精确性受外界因素影响较大。建议在进一步的研究中，建立“农田-作物-动物-人类-农田”的封闭的、完整的系统，细化氮磷元素从土壤到农作物之间的迁移转化规律，增加模型的精确度及模拟计算的全面性。

（3）温室气体的排放中，畜禽肠道发酵、人类呼吸所产生的 CO_2 也占了一定比例，该部分气体的环境影响应该考虑在内；畜禽肠道发酵和人类呼吸作用产生的温室气体主要包括 CO_2，且该部分气体是生物体的生理特征，本不属于有机固体废物的排放范围，但是作为一个完整的研究系统，须将该部分贡献考虑在内。

（4）在针对有机固体废物控制策略的研究基础上，进一步深入研究农村有机固体废物各项资源化技术和管理体系，为制定具有实效性、科学性的农村有机固体废物综合管理政策提供科学依据。

附录　洱海北部三大水系水质类别

2006年1~12月两江一河水质类别表，见附表1~附表3。

附表1　弥苴河

河流名称	月 份	水质类别	水质状况	主要污染物
弥苴河	1	Ⅳ	轻度污染	总磷、总氮、溶解氧、生化需氧量、高锰酸盐指数、氨氮
	2	>Ⅴ	重度污染	
	3	Ⅳ	轻度污染	
	4	Ⅲ	良好	
	5	Ⅳ	轻度污染	
	6	>Ⅴ	良好	
	7	Ⅳ	轻度污染	
	8	Ⅲ	良好	
	9	Ⅳ	轻度污染	
	10	Ⅳ	轻度污染	
	11	Ⅳ	轻度污染	
	12	Ⅲ	良好	

注：三个月为Ⅲ类，七个月为Ⅳ类，两个月为>Ⅴ类。

附表2　罗时江

河流名称	月份	水质类别	水质状况	主要污染物
罗时江	1	>Ⅴ	重度污染	总磷、总氮、溶解氧、生化需氧量、高锰酸盐指数、氨氮
	2	>Ⅴ	重度污染	
	3	>Ⅴ	重度污染	
	4	>Ⅴ	重度污染	
	5	>Ⅴ	重度污染	
	6	>Ⅴ	重度污染	
	7	Ⅴ	中度污染	
	8	>Ⅴ	重度污染	
	9	>Ⅴ	重度污染	
	10	>Ⅴ	重度污染	
	11	>Ⅴ	重度污染	
	12	Ⅳ	轻度污染	

注：一个月为Ⅳ类，一个月为Ⅴ类，十个月为>Ⅴ类。

附表3　永安江

河流名称	月份	水质类别	水质状况	主要污染物
永安江	1	>Ⅴ	重度污染	总磷、总氮、溶解氧、生化需氧量、高锰酸盐指数、氨氮
	2	>Ⅴ	重度污染	
	3	>Ⅴ	重度污染	
	4	Ⅳ	轻度污染	
	5	>Ⅴ	重度污染	
	6	>Ⅴ	重度污染	
	7	Ⅳ	轻度污染	
	8	Ⅳ	轻度污染	
	9	Ⅴ	中度污染	
	10	>Ⅴ	重度污染	
	11	>Ⅴ	重度污染	
	12	>Ⅴ	重度污染	

注：三个月为Ⅳ类，一个月为Ⅴ类，八个月为>Ⅴ类。

2007年1~12月两江一河水质类别表，见附表4~附表6。

附表4　弥苴河

河流名称	月份	水质类别	水质状况	主要污染物
弥苴河	1	Ⅲ	良好	总磷、总氮、溶解氧、生化需氧量、高锰酸盐指数、氨氮
	2	Ⅳ	轻度污染	
	3	>Ⅴ	重度污染	
	4	>Ⅴ	重度污染	
	5	>Ⅴ	重度污染	
	6	Ⅳ	轻度污染	
	7	>Ⅴ	重度污染	
	8	Ⅳ	轻度污染	
	9	Ⅳ	轻度污染	
	10	Ⅳ	轻度污染	
	11	Ⅳ	轻度污染	
	12	Ⅳ	轻度污染	

注：一个月为Ⅲ类，七个月为Ⅳ类，四个月为>Ⅴ类。

附表5　罗时江

河流名称	月份	水质类别	水质状况	主要污染物
罗时江	1	>Ⅴ	重度污染	总磷、总氮、溶解氧、生化需氧量、高锰酸盐指数、氨氮
	2	>Ⅴ	重度污染	
	3	>Ⅴ	重度污染	
	4	>Ⅴ	重度污染	
	5	>Ⅴ	重度污染	
	6	>Ⅴ	重度污染	

续附表 5

河流名称	月份	水质类别	水质状况	主要污染物
罗时江	7	>Ⅴ	重度污染	总磷、总氮、溶解氧、生化需氧量、高锰酸盐指数、氨氮
	8	>Ⅴ	重度污染	
	9	>Ⅴ	重度污染	
	10	Ⅴ	轻度污染	
	11	>Ⅴ	重度污染	
	12	Ⅴ	轻度污染	

注：两个为Ⅴ类，十个月为>Ⅴ类。

附表 6　永安江

河流名称	月份	水质类别	水质状况	主要污染物
永安江	1	>Ⅴ	重度污染	总磷、总氮、溶解氧、生化需氧量、高锰酸盐指数、氨氮
	2	>Ⅴ	重度污染	
	3	>Ⅴ	重度污染	
	4	Ⅲ	良好	
	5	>Ⅴ	重度污染	
	6	Ⅲ	良好	
	7	>Ⅴ	重度污染	
	8	Ⅳ	轻度污染	
	9	Ⅳ	轻度污染	
	10	Ⅴ	重度污染	
	11	Ⅳ	轻度污染	
	12	Ⅲ	良好	

注：三个月为Ⅲ类，三个月为Ⅳ，一个月为Ⅴ类，五个月为>Ⅴ类。

2008 年 1~11 月两江一河水质类别表，见附表 7~附表 9。

附表 7　弥苴河

河流名称	月份	水质类别	水质状况	超标污染物
弥苴河（监测点为银桥村）	1	Ⅳ	轻度污染	总磷、总氮
	2	Ⅱ	优	
	3	Ⅴ	中度污染	总磷、总氮、生化需氧量
	4	Ⅳ	轻度污染	溶解氧、总磷、总氮
	5	Ⅲ	良好	溶解氧、总氮
	6	Ⅳ	轻度污染	溶解氧、总氮
	7	Ⅳ	轻度污染	总磷、溶解氧、总氮
	8	Ⅴ	中度污染	总磷、溶解氧、总氮、氨氮
	9	Ⅲ	良好	总磷、总氮、生化需氧量、氨氮
	10	Ⅲ	良好	总磷、总氮
	11	Ⅳ	轻度污染	总磷、溶解氧、总氮

注：一个月为Ⅱ类，三个月为Ⅲ类，五个月为Ⅳ类，两个月为Ⅴ。

附表8　罗时江

河流名称	月份	水质类别	水质状况	超标污染物
罗时江（监测点为莲河村）	1	>Ⅴ	重度污染	总氮、溶解氧、总磷、生化需氧量
	2	>Ⅴ	重度污染	总氮、总磷
	3	Ⅳ	轻度污染	总氮、总磷、溶解氧、生化需氧量氨氮
	4	>Ⅴ	重度污染	总氮、总磷、溶解氧、生化需氧量氨氮
	5	>Ⅴ	重度污染	总氮、总磷、溶解氧、生化需氧量氨氮、高锰酸盐指数
	6	>Ⅴ	重度污染	总氮、总磷、溶解氧、生化需氧量氨氮、高锰酸盐指数
	7	>Ⅴ	重度污染	总氮、总磷
	8	>Ⅴ	重度污染	溶解氧、总磷、生化需氧量、高锰酸盐指数
	9	>Ⅴ	重度污染	溶解氧、生化需氧量、总氮、高锰酸盐指数、总磷
	10	Ⅴ	中度污染	溶解氧、总氮、生化需氧量、总磷
	11	Ⅴ	中度污染	溶解氧、总氮、生化需氧量、总磷

注：一个月为Ⅳ类，二个月为Ⅴ类，八个月为>Ⅴ。

附表9　永安江

河流名称	月份	水质类别	水质状况	超标污染物
永安江（监测点为桥下村）	1	Ⅲ	良好	总氮、总磷
	2	Ⅳ	轻度污染	生化需氧量
	3	>Ⅴ	重度污染	总氮、生化需氧量、总磷
	4	Ⅴ	中度污染	总氮、生化需氧量、总磷
	5	Ⅳ	轻度污染	总磷、总氮
	6	>Ⅴ	重度污染	总磷、总氮、溶解氧、生化需氧量
	7	>Ⅴ	重度污染	总磷、总氮
	8	Ⅴ	中度污染	总磷
	9	Ⅳ	轻度污染	生化需氧量、总氮
	10	Ⅲ	良好	溶解氧、总氮
	11	Ⅴ	重度污染	总磷

注：二个月为Ⅲ类，三个月为Ⅳ，三个月为Ⅴ类，三个月为>Ⅴ类。

参考文献

[1] 戴前进，方先金，黄欧，等．有机废物处理处置技术与产气利用前景［J］．中国沼气．2008，26（6）：17~19.

[2] Yamamoto H，Fujino J，Yamaji K. Evaluation of bioenergy potential with a multi-regional global-land-use-and-energy model［J］. Biomass & Bioenergy，2001，21：185~203.

[3] 国家环境保护总局自然生态保护司．全国规模化畜禽养殖业污染情况调查及防治对策［M］．北京：中国环境科学出版社，2002：9~43.

[4] 中国农业部/美国能源部项目专家组．中国生物质资源可获得性评价［M］．北京：中国环境科学出版社，1998：1~58.

[5] 石元春．中国可再生能源发展战略研究丛书：生物质能卷［M］．北京：中国电力出版社，2008：31~39.

[6] 李轶冰，杨改河，楚莉莉，等．中国农村户用沼气主要发酵原料资源量的估算［J］．资源科学，2009，31（2）：231~237.

[7] 高祥照，马文奇，马常宝，等．中国作物秸秆资源利用现状分析［J］．华中农业大学学报，2002，21（3）：242~247.

[8] 翁伟，杨继涛，赵青玲，等．我国秸秆资源化技术现状及其发展方向［J］．中国资源综合利用，2004，7：18~21.

[9] 曹国良，张小曳，王丹，等．秸秆露天焚烧排放的TSP等污染物清单［J］．农业环境科学学报，2005，24（4）：800~804.

[10] 汪海波，章瑞春．中国农作物秸秆资源分布特点与开发策略［J］．山东省农业管理干部学院学报，2007，23（2）：164~165.

[11] 孙永明，李国学，张夫道，等．中国农业废弃物资源化现状与发展战略［J］．农业工程学报，2005，21（8）：169~174.

[12] 王方浩，马文奇，窦争霞，等．中国畜禽粪便产生量估算及环境效应［J］．中国环境科学，2006，26（5）：614~617.

[13] 杨明森．中国环境年鉴 2006-2008［M］．北京：中国环境年鉴出版社，2006~2008.

[14] 国家统计局．中国统计年鉴 1999-2009［M］．北京：中国统计出版社，1999~2009.

[15] Li Z S，Yang L，Qu X Y，et al. Municipal solid waste management in Beijing City. Waste Management，2009，29（9）：2596~2599.

[16] Johns P J，Butterfield D. Landscape，regional and global estimates of nitrogen flux from land to sea：Errors and uncertainties［J］. Biogeochemistry，2002，57~58（1）：429~476.

[17] Khadam I M，Kaluarachchi J J. Water quality modeling under hydrologic variability and parameter uncertainty using erosion-scaled export coefficients［J］. Journal of Hydrology，2006，330（1~2）：354~367.

[18] Ierodiaconou D，Laurenson L，Leblanc M，et al. The consequences of land use change on nutrient exports：A regional scale assessment in south-west Victoria，Australia［J］. Journal of Environmental Management，2005，74（4）：305~316.

[19] Pieterse N M，Bleuten W，Jorgensen S E. Contribution of point sources and diffuse sources to

nitrogen and phosphorus loads in lowland river tributaries. Journal of Hydrology, 2003, 271 (1~4): 213~225.

[20] Zobrist J, Reichert P. Bayesian estimation of export coefficients from diffuse and point sources in Swiss watersheds [J]. Journal of Hydrology, 2006, 329 (1~2): 207~223.

[21] Johns P J. Evaluation and management of the impact of land use change on the nitrogen and phosphorus load delivered to surface waters: The export coefficient modeling approach [J]. Journal of Hydrology, 1996, 183 (3~4): 323~349.

[22] 陈敏鹏．中国种植-养殖系统的营养物质平衡模拟和政策评估 [D]. 北京：清华大学，2007：17~22.

[23] 张大弟，张晓红，章家骐，等．上海市郊区非点源污染综合调查评价 [J]. 上海农业学报，1997，13 (1)：31~36.

[24] 王波，张天柱．辽河流域非点源污染负荷估算 [J]. 重庆环境科学，2003，25 (12)：132~133.

[25] IPCC 2006. 2006 IPCC Guidelines for National Greenhouse Gas Inventories: Volume 4 Agriculture, Forestry and Other Land Use [J]. Kanagawa: Institute for Global Environmental Strategies, 2006.

[26] IPCC 2006. 2006 IPCC Guidelines for National Greenhouse Gas Inventories: Volume 5 Waste [J]. Kanagawa: Institute for Global Environmental Strategies, 2006.

[27] Lin E, Li Y, Dong H. Potential GHG mitigation options for agriculture in China [J]. Applied Energy, 1997, 56 (3~4): 423~432.

[28] Zhou J B, Jiang M M, Chen G Q. Estimation of methane and nitrous oxide emission from livestock and poultry in China during 1949-2003 [J]. Energy Policy, 2007, 35: 3759~3767.

[29] Finnveden G, Björklund A, Moberg Å, et al. Environmental and economic assessment methods for waste management decision-support: Possibilities and limitations [J]. Waste Management & Research, 2007, 25 (3): 263~269.

[30] 刘毅．中国磷代谢与水体富营养化控制政策研究 [D]. 北京：清华大学，2004：14~24.

[31] Daniels P L, Moore S. Approaches for quantifying the metabolism of physical economies: Part I: Methodological overview [J]. Journal of Industrial Ecology, 2003, 5 (4): 69~93.

[32] Bringezu S, Fischer-Kowalski M, Kleijn R, et al. Analysis for action: support for policy towards sustainability by material flow accounting // Wuppertal Institute for Climate, Environment, Energy: Proceedings of the ConAccount Conference [J]. Wuppertal: Wuppertal Institute for Climate, Environment Energy, 1997.

[33] Isermann K, Isermann R. Food production and consumption in Germany: N flows and N emissions [J]. Nutrient Cycling in Agroecosystems, 1998, 52 (2~3): 289~301.

[34] Shindo J, Okamoto K, Kawashima H. A model-based estimation of nitrogen flow in the food production-supply system and its environmental effects in East Asia [J]. Ecological Modelling, 2003, 169 (1): 197~212.

[35] De Vries W, Kros J, Oenema O, et al. Uncertainties in the fate of nitrogen Ⅱ: A quantitative assessment uncertainties in major fluxes in the Netherlands [J]. Nutrient Cycling in Agroeco-

systems, 2003, 66 (1): 71~102.

[36] Wolf J, Beusen A H W, Groenendijk P, et al. The integrated modeling system STONE for calculating nutrient emissions from agriculture in the Netherlands [J]. Environmental Modelling & Software, 2003, 18 (7): 597~617.

[37] Wolf J, Rotter R, Oenema O. Nutrient emission models in environmental policy evaluation at different scales—experience from the Netherlands [J]. Agriculture Ecosystems & Environment, 2005, 105 (1~2): 291~306.

[38] Kimura S D, Liang L, Hatano R. Influence of long-term changes in nitrogen flows on the environment: A case study of a city in Hokkaido, Japan [J]. Nutrient Cycling in Agroecosystems, 2005, 70 (3): 271~282.

[39] Kimura S D, Hatano R. An eco-balance approach to the evaluation of historical changes in nitrogen loads at a regional scale [J]. Agricultural Systems, 2007, 94 (2): 165~176.

[40] Neset T S S, Bader H P, Scheidegger R. Food consumption and nutrient flows: Nitrogen in Sweden since the 1870s [J]. Journal of Industrial Ecology, 2006, 10 (4): 61~75.

[41] Neset T S S, Bader H, Scheidegger R, et al. The flow of phosphorus in food production and consumption-Linkoping, Sweden, 1870-2000 [J]. The Science of the Total Environment, 2008, 396 (2~3): 111~120.

[42] 刘毅，陈吉宁．中国磷循环系统的物质流分析 [J]．中国环境科学，2006，26 (2)：238~242.

[43] 武淑霞．我国农村畜禽养殖业氮磷排放特征及其对农业面源污染的影响 [D]．北京：中国农业科学研究院，2005.

[44] 樊银鹏，胡山鹰，陈定江，等．中国磷元素代谢模式的演化与分析 [J]．清华大学学报（自然科学版），2008，48 (6)：1027~1031.

[45] Chen M P, Chen J N, Sun F. Agricultural phosphorus flow and its environmental impacts in China [J]. Science of the Total Environment, 2008, 405 (1~3): 140~152.

[46] Liu C, Wang Q X, Mizuochi M, et al. Human behavioral impact on nitrogen flow—A case study of the rural areas of the middle and lower reaches of the Changjiang River, China [J]. Agriculture, Ecosystems & Environment, 2008, 125: 84~92.

[47] 刘晓利．我国“农田—畜牧—营养—环境”体系氮素养分循环与平衡 [D]．保定：河北农业大学，2005.

[48] 许俊香．中国“农田—畜牧—营养—环境”体系磷素循环与平衡 [D]．保定：河北农业大学，2005.

[49] 马林．中国营养体系养分流动循环（CNFC）模型研究 [D]．保定：河北农业大学，2006.

[50] 魏静，马林，路光，等．城镇化对我国食物消费系统氮素流动及循环利用的影响 [J]．生态学报，2008，28 (3)：1016~1025.

[51] International Organization of Standardization. ISO 14040-14043: Environmental Management—Life cycle assessment [J]. Switzerland: ISO Press, 2000.

[52] International Organization of Standardization. ISO 14044: Environmental Management—Life

cycle assessment—Requirements and guidelines [J]. Geneva：ISO Press，2006.
[53] Dalemo M，Frostell B，Jönsson H，et al. ORWARE—A simulation model for organic waste handling systems. Part 1：Model description [J]. Resources，Conservation & Recycling，1997，21 (1)：17~37.
[54] Sonesson U，Dalemo M，Mingarini K，et al. ORWARE—A simulation model for organic waste handling systems. Part 2：Case study and simulation results [J]. Resources，Conservation & Recycling，1997，21 (1)：39~54.
[55] Dalemo M，Sonesson U，Jönsson H，et al. Effects of including nitrogen emissions from soil in environmental systems analysis of waste management strategies [J]. Resources，Conservation & Recycling，1998，24 (3~4)：363~381.
[56] http：//www. cn-hw. net/html/32/201102/25454. html.
[57] 牛俊玲，秦莉，郑宾国，等．新农村建设中固体废物的收运体系及其资源化应用 [J]. 农业环境与发展，2007，(6)：49~52.
[58] 高明侠．我国农村固体废物污染防治的法律思考 [J]. 法治与社会，2007，(6)：41.
[59] 李庆康，吴雷．我国集约化畜禽养殖场粪便处理现状及展望 [J]. 农业环境保护，2000，19 (4)：251~254.
[60] 王宁堂，王军利，李建国，等．农作物秸秆综合利用现状、途径及对策 [J]，陕西农业学，2007，(2)：112~115.
[61] 胡明秀．农业废弃物资源化综合利用途径探讨 [J]. 安徽农业科学，2004，32 (4)：757~759.
[62] 胡华锋，介晓磊．农业固体废物处理与处置技术 [M]. 北京：中国农业大学出版社，2008.
[63] 牛若峰，刘天福．农业技术经济手册 [M]. 修订版．北京：农业出版社，1984.
[64] 颜昌宙，金相灿，赵景柱，等．云南洱海的生态保护及可持续利用对策 [J]. 环境科学，2005，26 (5)：38~42.
[65] 罗钰翔．中国主要生物质废物环境影响与污染治理策略研究 [D]. 北京：清华大学，2010.
[66] 马林，王方浩，马文奇，等．中国东北地区中长期畜禽粪尿资源与污染潜势估算 [J]. 农业工程学报，2006，22 (8)：170~174.
[67] 彭里，王定勇．重庆市畜禽年排放量的估算研究 [J]. 农业工程学报，2004，20 (1)：288~292.
[68] 李鹏，刘红梅，李刚，等．天津市畜禽粪便年排放量的估算研究．中国农业生态环境保护协会 [C]. 第二届全国农业环境科学学术年会研讨会论文集．昆明：中国农业生态环境保护协会，2007：833~836.
[69] 中国疾病预防控制中心营养与食品安全所．中国食物成分表 (2004) [M]. 北京：北京大学医学出版社，2005.
[70] Kleijn R. In = out：the trivial central paradigm of MFA [J]. Journal of Industrial Ecology，2000，3 (2~3)：8~10.
[71] Liu Y，Mol A P J，Chen J. Material flow and ecological restructuring in China：the case of

phosphorus [J]. Journal of Industrial Ecology, 2004, 8 (3): 103~120.
[72] Isermann K. Share of agriculture in nitrogen and phosphorus emissions into the surface waters of Western Europe against the background of their eutrophication [J]. Nutrient Cycling in Agroecosystems, 1990, 26 (1~3): 253~269.
[73] Isermann K. Agriculture's share in the emission of trace gases affecting the climate and some cause-oriented proposals for sufficiently reducing this share [J]. Environmental Pollution, 1994, 83: 95~111.
[74] Guinée J B. Handbook on Life Cycle Assessment: Operational Guide to the ISO Standards [M]. Boston: Kluwer Academic Publishers, 2002: 348.
[75] Solomo S D, Qin M, Manning R B, et al. Technical summary // Solomon S D, Qin M, Manning Z, et al. Climate Change 2007: The Physical Science Basis. Contribution of Working Group I to the Fourth Assessment Report of the Intergovernmental Panel on Climate Change [M]. Cambridge: Cambridge University Press, 2007: 33~34.
[76] IPCC 2006. 2006 IPCC Guidelines for National Greenhouse Gas Inventories: Volume 4 Agriculture, Forestry and Other Land Use [J]. Kanagawa: Institute for Global Environmental Strategies, 2006.
[77] IPCC 2006. 2006 IPCC Guidelines for National Greenhouse Gas Inventories: Volume 5 Waste [J]. Kanagawa: Institute for Global Environmental Strategies, 2006.
[78] 李艳春，黄毅斌. 1990-2008 年福建省农业废弃物产生量估算 [J]. 福建农业学报，2011，26 (4)：652~655.
[79] 毕于运，王道龙，高春雨，等. 中国秸秆资源评价与利用 [M]. 北京：中国农业科学技术出版社，2008，30 (4)：501~505.
[80] 国家统计局农村社会经济调查司. 中国农村住户调查年鉴. 2008 [M]. 北京：中国统计出版社，2008.
[81] 刘另更. 中国有机肥料养分志 [M]. 北京：农业出版社，1999.
[82] 张福春，朱志辉. 中国作物的收获指数 [J]. 中国农业科学，1990，23 (2)：83~87.
[83] 潘晓华，邓强辉. 作物收获指数的研究 [J]. 江西农业大学学报，2007，29 (1)：1~5.
[84] 张培栋，杨艳丽，李光全，等. 中国农作物秸秆能源化潜力估算 [J]. 可再生能源，2007，25 (60)：80~83.
[85] 刘刚，沈镭. 中国生物质能源的定量评价及其地理分布 [J]. 自然资源学报，2007，22 (1)：9~18.
[86] 韩鲁佳，闫巧娟，刘向阳，等. 中国农作物秸秆资源及其利用现状 [J]. 农业工程学报，2002，18 (3)：87~91.
[87] 苑亚茹. 我国有机废弃物的时空分布及其利用现状 [D]. 北京：中国农业大学，2008.
[88] 田宜水，孟海波. 农作物秸秆开发利用技术 [M]. 北京：化学工业出版社，2008.
[89] 钟华平，岳燕珍，樊江文，等. 中国作物秸秆资源及其利用 [J]. 资源科学，2003，25 (4)：62~67.
[90] 王丽，李雪铭，许妍，等. 中国大陆秸秆露天焚烧的经济学损失研究 [J]. 干旱区资源与环境，2008，22 (2)：170~175.

[91] 包雪梅．中国有机肥资源与养分再循环研究［D］．北京：中国农业大学，2002.
[92] 刘晓利，许俊香，王方浩，等．我国畜禽粪便中氮素养分资源及其分布状况［J］．河北农业大学学报，2005，28（5）：27～32.
[93] 鲁如坤．农田养分再循环研究——Ⅳ．防止粪肥氨挥发的研究［J］．土壤，1996，28（1）：8～13.
[94] 曹国良，张小曳，郑方成，等．中国大陆秸秆露天焚烧的量的估算［J］．资源科学，2006，28（1）：9～13.
[95] 黄鸿翔，李书田，李向林，等．我国有机肥的现状与发展前景分析［J］．土壤肥料，2006（1）：3～8.
[96] 包雪梅，张福锁，马文奇，等．我国作物秸秆资源及其养分循环研究［J］．中国农业科技导报，2003，5（增刊）：14～17.
[97] 苏杨．我国集约化畜禽养殖场污染问题研究［J］．中国生态农业学报，2006，14（2）：15～18.
[98] 李远．我国规模化畜禽养殖业存在的环境问题与防治对策［J］．上海环境科学，2002，21（10）：597～599.
[99] 郭旭生，崔慰贤．提高秸秆利用率和营养价值的研究进展［J］．饲料工业，2002，23（11）：12～15.
[100] 曹稳根，高贵珍，方雪梅，等．我国农作物秸秆资源及其利用现状［J］．宿州学院学报：2007，22（6）：110～112.
[101] Yang Zhongping，Guo Kangquan，Zhu Xinhua，et al. Straw resources utilizing industry and patten［J］. Transactions of the CSAE，2001，17（1）：27～31.
[102] 吴树栋．我国农作物秸秆综合利用现状［J］．人造板通讯，2005，2（8）：1～4.
[103] Li Junfeng，Hu Runqing，SongYangqin，et al. Assessment of sustainable energy potential of non-plantation biomass resources in china［J］. Biomass and Bioenergy. 2005，29：167～177.
[104] Zhongren Zhou，Wenliang Wu，Xiaohua Wang，et al. Analysis of changes in the structure of rural household energ consumption in northern China：A case study［J］. Renewab and Sustainable Energy Reviews，2009，1（13）：187～193.
[105] Zhongren Zhou，Wenliang Wu，Qun Chen，et al. Study on sustainable development of rural household energy in northen China［J］. Renewable and Sustainable Energ Reviews，2008，8（12）：2227～2239.
[106] 黄凯．洱源农村畜禽粪便氮磷流失规律及控制方案研究［D］．昆明：昆明理工大学，2011.
[107] 马学良，方宪法，陈开化，等．我国农作物秸秆高效利用技术现状与趋向［J］．农业现代化研究，1995，16（6）：399～400.
[108] 陈东水，盖振东，陈燕琴，等．秸秆利用现状及资源化利用方向［J］．上海农业科技，2006，（5）：32～33.
[109] 霍启光．动物磷营养与磷源［M］．北京：中国农业科学技术出版社，2002.
[110] 敬红文．肉牛品种和育肥方式、饲料要求及生产性能［J］．饲料博览，2004（5）：53.
[111] 葛长荣，田允波，陈韬．云南主要地方牛种的屠宰性能研究［J］．黄牛杂志，1998，24

(2): 30~34.

[112] 娄佑武，袭大堂，吴志勇．优质肉牛屠宰试验报告［J］．江西畜牧兽医杂志，2000 (5): 8~10.

[113] 南京农学院．家畜生理学［M］．北京：中国农业出版社，1987.

[114] 金龙飞．食品与营养学［M］．北京：中国轻工业出版社，1999.

[115] 潘鸿章．磷在人体中有什么功能［M］．北京：人民教育出版社．2005.

[116] Liu Gang, Yan Liliang, Shan Yuhe, et al. Study on concentrated dairy feeding, concentrated milk collection, household management mode. Livestock Forum, 2003, 30 (4): 11.

[117] Chen Huijuan. Discusion on the role and significance of dairy cows′ concentrated feeding [J]. Heilongjiang Animal Reproduction. 2008, 16 (4): 42.

[118] 曲环．农村面源污染控制的补偿理论与途径研究［D］．北京：中国农业科学院，2007.

[119] Chang F H. By-products utilization: An integrated solution [C]. North Caro- lina, U. S. A: International Symposium on Animal, Agricultural and Food Processing Wastes IX, Durham, 2003.

[120] 刘东，王方浩，等．中国猪粪尿 NH_3 排放因子的估算［J］．农业工程学报，2008，24 (4): 218~223.

[121] Webb J, Misselbrook T H. Amass-flow model of ammonia emissions from UK livestock production [J]. Atmospheric Environment, 2004, 38 (14): 2163~2176.

[122] De Boad M. Odour and ammonia emissions from manure storage. In: Neilsen V C, Voorburg J H, L'Hermite P, ds. Odour and Ammonia Emissions from Livestock Farming [C]. London: Elsevier Applied Science, 1991: 59~66.

[123] Yang S S, Liu C M, Liu Y L. Estimation of methane and nitrous oxide emission from animal production sector in Taiwan during 1990-2000 [J]. Chemosphere, 2003, 52 (9): 1381~1388.

[124] Huang D C, Wang H Y, Huang D C. Greenhouse gases emissions rom broiler feeding sector in Taiwan area. Journal of the Chinese Livestock Society, 2000, 29: 65~75.

[125] 刘培芳，陈振楼，许世远，等．长江三角洲城郊畜禽粪便的污染负荷及其防治对策[J]．长江流域资源与环境，2002，11 (5): 456~460.

[126] Xing G X, Yan X Y. Direct nitrous oxide emissions from agricultural fields in China estimated by the revised 1996 IPPC guidelines for national greenhouse gases [J]. Environmental science & policy, 1999, 2 (3): 355~361.

[127] 沈根祥，汪雅谷，袁大伟，等．上海市郊大中型畜禽场数量分布及粪尿处理利用现状［J］．上海农业学报，1994，10 (S1): 12~16.

[128] 周建，丁爱芳．苏中地区农村固体废弃物的处置现状及治理建议［J］，安徽农学通报，2008，14 (21): 88~89.

[129] Gac A, Beline F, Bioteau T, et al. A French inventory of gaseous emissions (CH_4, N_{20}, NH_3) from livestock manure management using a mass-flow approach [J]. Livestock Science, 2007, 112 (3): 252~260.

[130] 孙庆瑞，王美蓉．我国氨的排放量和时空分布［J］．大气科学，1997，21（5）：590~598.
[131] 林而达，李玉娥．全球气候变化和温室气体清单编制方法［M］．北京：气象出版社，1998：99.
[132] 杨志鹏．基于物质流方法的中国畜牧业氨排放估算及区域比较研究［D］．北京：北京大学，2008：34.
[133] 钱承樑，鲁如坤．农田养分再循环研究Ⅲ：粪肥的氨挥发［J］．土壤，1994，4：169~174.
[134] 吴桂林．加强动物血的开发与利用［J］．资源开发与市场，1988，4（2）：37~39.
[135] 刁治民，杜军华，马寿福．动物血液的开发利用［J］．青海科技，2000，7（3）：7~10.
[136] 杨文龙．猪血的开发利用状况［J］．邵阳高等专科学校学报，1996，9（3）：268~270.
[137] 王兴红，江东福，马萍，等．动物血的综合利用［J］．饲料研究，1995，1：2~4.
[138] 程池，蔡永峰．可食用动物血液资源的开发利用［J］．食品与发酵工业，1998，24（3）：66~72.
[139] 国家体育总局．第二次国民体质监测公报［R/OL］．2009：8~12.
[140] 李吕木，王立克．菜籽饼饲用研究进展［J］，安徽农业科学，1994，22（2）：112~113.
[141] 李爱科．我国主要饼粕类饲料资源开发及利用技术进展//中国畜牧兽医学会动物营养分会．动物营养研究进展论文集［C］．北京：中国畜牧兽医学会动物营养分会，2004：297~301.
[142] 董国新．我国粮食供求区域均衡状况及其变化趋势研究［J］．杭州：浙江大学，2007：74.
[143] 章世元，俞路，王雅倩，等．蛋壳质量与元素组成、超微结构关系的研究［J］．动物营养学报，2008，20（4）：423~428.
[144] 路光．我国家庭体系磷素流动及其环境效应影响研究［D］．保定：河北农业大学，2008：10~13.
[145] 许世卫．中国食物消费与浪费分析［J］．中国食物与营养，2005，11：4~8.
[146] 彭荫来，杨帆．利用餐饮业废油脂制造生物柴油［J］．城市环境与城市生态，2001，14（4）：54~56.
[147] 王延耀，李里特．废食用油再利用的研究现状与发展趋势［J］．粮油加工与食品机械，2003，11：47~49.
[148] Yan X，Ohara T，Akimoto H. Bottom-up estimate of biomass buming in mainland China［J］. Atmospheric Environment，2006，40（27）：5262~5273.
[149] 王书肖，张楚莹．中国秸秆露天焚烧大气污染物排放时空分布［J］．中国科技论文在线，2008，3（5）：329~333.
[150] Streets D G，Yarber K F，Woo J H，et al. Biomass buming in Asia：Annual and seasonalestimates and atmospheric emissions［J］. Global Biogeochemical Cycles，2003，17（4）：1099~1119.
[151] Zhang J，Smith K R，Ma Y，et al. Greenhouse gases and other airbome pollutants from household stoves in China：a database for emission factors［J］. Atmospheric Environment，2000，

34：4537～4549.

[152] De Zarate I Q，Ezcurra A，Lacaux J P，et al. Pollution by cereal waste buming in Spain. Atmospheric [J]. Research，2005，73 (1～2)：161～170.

[153] Li X H，Wang S X，Duan L，et al. Particulate and trace gas emissions from open buming of wheat straw and com stover in China [J]. Environmental Science & Technology，2007，41 (17)：6052～6058.

[154] 李兴华．生物质燃烧大气污染物排放特征研究 [D]. 北京：清华大学，2007.

[155] Wang X H，Feng Z M. Biofuel use and its emission of noxious gases in rural China [J]. Renewable and Sustainable Energy Reviews，2004，8 (2)：183～192.

[156] http：//wenku. baidu. com/view/8e3edbf6f61fb7360b4c65f9. html

[157] 国家发展和改革委员会价格司．全国农产品成本收益资料汇编 [M]. 北京：中国统计出版社，2006.

[158] 陈辉．食品原料与资源学 [M]. 北京：中国轻工业出版社，2007.

[159] 陈永福．中国食物供求与预测 [M]. 北京：中国农业出版社，2004.

[160] 国家农业部畜牧兽区司，全国畜牧兽医总站．中国草地资源 [M]. 北京：中国科学技术出版社，1996：90～562.

[161] 郑中朝，张耀强，张力，等．波杂肉羊屠宰性能及肉品质研究 [J]. 中国草食动物，2007，27 (5)：21～24.

[162] 苏沛兰，姚允聪．几种动物源产品中营养元素的分析与开发探讨 [J]. 山西农业大学学报，2005，4 (6)：76～80.

[163] 铃本庄亮．标准人体的化学组成 [J]. 保健的科学，1975 (05)：310.

[164] 詹应祥，曾乐平．英、美、新丹系长白猪的屠宰性能比较 [J]. 浙江畜牧兽医，2001 (02)：3～5.

[165] 林家栋，郭宏宇，张蓝艺．贵州省纳雍县糯谷猪屠宰性能测定 [J]. 安徽农业科学，2008，36 (12)：4987～4988.

[166] 黄国发，汪生林，李白新，等．部分家畜的血磷和血糖含量 [J]. 青海畜牧兽医杂志，1997，27 (5)：27～28.

[167] 中国医学科学院卫生研究所．食物成分表 [M]. 北京：人民卫生出版社，1963.

[168] 马龙江．现代食物成分与膳食营养 [M]. 济南：黄河出版社，1998.

[169] 王琛琛，王建国，王洋．西门塔尔牛对哈萨克牛改良效果分析 [J]. 现代畜牧兽医，2007，10：26～27.

[170] 张峭，王克．中国蔬菜消费现状分析与预测 [J]. 农业展望，2006，10：28～31.

[171] 武云亮．我国蔬菜物流链的现状及其优化措施 [J]. 资源开发与市场，2007，23 (4)：326～328.

[172] 王洪涛，陆文静．农村固体废物处理处置与资源化技术 [M]. 北京：中国环境科学出版社，2006.

[173] Lu W J，Wang H T. Role of rural solid waste management in non-point source pollutionontrol of Dianchi Lake catchments，China [J]. Frontiers of Environmental Science & Engineering in China，2008，2 (1)：15～23.

[174] 鲁如坤，史陶钧．农业化学手册［M］．北京：科学出版社，1982.
[175] 北京农业大学《肥料手册》编写组．肥料手册［M］．北京：农业出版社，1979：7~46.
[176] 高广生．中国温室气体清单研究［M］．北京：中国环境科学出版社，2007.
[177] Zhao G M, Li B. The detection method of pollutants emission factors when straw burnsown in the field // Chinese Society of Modern Technical Equipments. The 7th International Symposium on Test and Measurement [M]. Beijing: International Academic Publishers, 2007: 4583~4585.
[178] Streets D G, Waldhoff S T. Biofuel use in Asia and acidifying emissions [J]. Energy, 1998, 23 (12): 1029~1042.
[179] 亚洲太平洋经济和社会理事．沼气发展指南（陈光谦译）［M］．北京：科学技术文献出版社，1984.
[180] 周克乖．实用环境保护数据大全：大气环境保护、同体废物与城市垃圾、噪声与放射线等实用数据［M］．武汉：湖北人民出版社，1999.
[181] 吴创之，马隆龙．生物质能现代化利用技术［M］．北京：化学工业出版社，2003.
[182] 姚向君，田宜水．生物质能资源清洁转化利用技术［M］．北京：化学工业出版社，2005.
[183] 席北斗．有机固体废弃物管理与资源化技术［M］．北京：国防工业出版社，2006.
[184] Amlinger F, Peyr S, Cuhls C. Green house gas emissions from composting andmechanical biological treatment [J]. Waste Management & Research, 2008, 26 (1): 47~60.
[185] 单德鑫．牛粪发酵过程中碳、氮、磷转化研究［D］．哈尔滨：东北农业大学，2006.
[186] 李吉进．畜禽粪便高温堆肥机理与应用研究［D］．北京：中国农业大学，2004.
[187] Baccini P, Henseler G, Figi R, et al. Water and element balances of municipal solid wastelandfills [J]. Waste Management & Research, 1987, 5: 483~499.
[188] Huber R, Fellner J, Doeberl G, et al. Water flows of MSW landfills and implications forlong-term emissions. Journal of Environmental Science and Health, Part A-Toxic [J]. lazardous Substances and Environmental Engineering, 2004, 39 (4): 885~897.
[189] 柳敏，张璐，宇万太，等．有机物料中有机碳和有机氮的分解进程及分解残留率［J］．应用生态学报，2007，18（11）：2503~2506.
[190] 刘金城，杨晶秋，张晓明．半干旱地区有机物料在土壤中的腐解［J］．山西农业科学，1984，3：8~10.
[191] 李长生，肖向明，Frolkin S. 中国农田的温室气体排放［J］．第四纪研究，2003，23（5）：493~503.
[192] 鲁如坤，刘鸿翔，闻大中，等．我国典型地区农业生态系统养分循环和平衡研究 I：农田养分支出参数［J］．土壤通报，1996，27（4）：145~151.
[193] 陈敏鹏，陈吉宁．中国种养系统的氮流动及其环境影响［J］．环境科学，2007，28（10）：2342~2349.
[194] 葛春辉．添加外源微生物对城市生活垃圾堆肥腐熟的影响［J］．环境科学与技术，2011，34（8）：150~154.
[195] 林聪，周孟津，张榕林，等．养殖场沼气工程实用技术［M］．北京：化学工业出版

社，2010.

[196] Keyyu J D, Kyvsgaard N C, Monrad J, et al. Epidemiology of gastrointestinal nematodes in cattle on traditional, small-scale dairy and large-scale dairy farms in Iringa district, Tanzania [J]. Veterinary Parasitology, 2005, (127): 285~294.

[197] National Feed Office, China Feed Industry Association. China, Feed Industry Yearbook. 2006/2007 [M]. Beijing: China Business Press, 2008.

[198] http://baike.baidu.com/view/2296402.htm.

[199] 毕东苏，马民，郭小品．Hg^{2+}对剩余污泥厌氧消化过程中物质释放的影响 [J]. 环境科学与技术，2012，35（3）：51~54.

[200] 毕东苏，郭小品，陆烽．富磷剩余污泥厌氧消化过程中的水解与生物释磷机制 [J]. 环境科学学报，2010，30（12）：2445~2449.

[201] 吕波，蒲贵兵．城市生活垃圾厌氧消化中氮的转化行为研究 [J]. 化学与生物工程，2012，27（9）：77~81.

[202] 毛伟娟．洱海流域农村固废基质化处理利用研究 [D]. 昆明：昆明理工大学，2011.

[203] 庞艳，张文阳，吴燕．解决非集约化畜禽养殖废物面源污染有效途径探讨 [J]. 畜牧与兽医，2010. 42（6）：97~99.

[204] 李娜，张文阳，庞艳，等．统一收集、集中处理非集约化畜禽养殖废物——我国农村地区温室气体减排和解决面源污染的有效途径 [J]. 中国畜牧杂志，2010，46（6）：19~22.

[205] 曲敬华，任熹真．黑龙江省奶牛养殖综合效益分析 [J]. 现代化农业，2007.（1）：27~30.

[206] 李宝柱．中国奶牛养殖供应链过程及综合效益分析 [J]. 中国畜牧杂志，2006，42（10）：21~24.

[207] 李宝柱．中国奶牛中小规模养殖模式研究 [D]. 北京：对外经济贸易大学，2004.

[208] 吴燕，张文阳，庞艳．畜禽养殖废物资源化与零废物目标 [J]. 中国畜牧杂志，2009，（8）：9~12.

[209] 李胜利，曹志军，范学珊．试论调整时期我国奶牛养殖业健康发展的若干问题 [J]. 中国乳业，2005，（4）：4~7.

[210] 日本环境省，日本農林水産省．食品廃棄物の年間発生量の推移（事業系） [R]. 2009，1.

[211] 日本环境省．家庭における生ごみ排出量の推移（推計）[R]. 2008. 1.

[212] 日本・農林水産省大臣官房統計部．平成 17 年度食品ロス統計調査（世帯調査）結果の概要．2006：1~10.

[213] US Environmental Protection Agency. Municipal Solid Waste Generation, Recycling, and Disposal in the United States Detailed Tables and Figures for 2008 [R]. 2009: 1~58.

[214] US Environmental Protection Agency. Municipal Solid Waste in The United States 2007 Facts and Figures [R]. 2008, 2: 36~37.

[215] US Environmental Protection Agency. Municipal Solid Waste Generation, Recycling, and Disposal in the United States Facts and Figures for 2008 [R]. 2009: 1~12.

[216] Marthinsen J, Sundt P, Kaysen O, et al., 2012. Prevention of Food Waste in Restaurants, Hotels, Canteens and Catering. Nordic Council of Ministers, Copenhagen [R].

[217] Watkins E, Hogg D, Mitsios A, et al. 2012. Use of economic instruments and wastemanagement performances. Final Report, European Commission DG ENV.

[218] BIOIS [Bio Intelligence Service], 2011. Guidelines on the Preparation of Food Waste Prevention Programmes. European Commission DG ENV [R].

[219] EPA (1988): Report to Congress, Solid Waste Disposal in the US, Vol. (ii), EPAReport No. 530-SW 88-011B. EPA, Washington DC [R].

[220] EPA (1991): Solid Waste Disposal Facility Criteria; Final Rule, 40 CFR 257, 258. Federal Register, 56, No. 196, October 9 [R].

[221] EPA (1996): Characterization of Municipal Solid Waste in the United States, 1996 Update, EPA Report No. EPA530-R-97-015. EPA, Washington DC [R].

[222] Ferrera I P. Missios (2005), Recycling and Waste Diversion Effectiveness: Evidence from Canada [J]. Environmental and Resource Economics 30 (2): 221~238.

[223] Kipperberg G. A Comparison of Household Recycling Behaviors in Norway and the United States [J]. Environmental and Resource Economics, 2006; 36 (2): 215~235.

[224] The USEPA reports total municipal solid waste of 4. 6 pounds per capita per day, of which an estimated 55% ~ 65% is post-consumer waste originating in the residential household sector [R].

[225] 吴玉萍，董锁成．当代城市生活垃圾处理技术现状与展望——兼论中国城市生活垃圾对策视点的调整［J］．城市环境与城市生态，2001，14（01）：15~17.

[226] Filimonau V, Todorova E, Mzembe A, et al. A comparative study of food waste management in full service restaurants of the United Kingdom and the Netherlands [J]. Journal of Cleaner Production, 2020: 258.

[227] Van Dooren C, Janmaat O, Snoek J, et al. Measuring food waste in Dutch households: A synthesis of three studies [J]. Waste Manag, 2019, 94: 153~164.

[228] Van der Werff E, Vrieling L, Van Zuijlen B, et al. Waste minimization by households-A unique informational strategy in the Netherlands [J]. Resources, Conservation and Recycling. 2019; 144: 256~266.

[229] Paes L A B, Bezerra B S, Deus R M, Organic solid waste management in a circular economy perspective—A systematic review and SWOT analysis [J]. Journal of Cleaner Production, 2019: 239.

[230] Mancini E, Arzoumanidis I, Raggi A. Evaluation of potential environmental impacts related to two organic waste treatment options in Italy [J]. Journal of Cleaner Production, 2019, 214: 927~938.

[231] Aghbashlo M, Tabatabaei M, Soltanian S, et al. Biopower and biofertilizer production from organic municipal solid waste: An exergoenvironmental analysis [J]. Renewable Energy, 2019, 143: 64~76.

[232] Scarlat N, Fahl F, Dallemand J F. Status and Opportunities for Energy Recovery from Munici-

pal Solid Waste in Europe [J]. Waste and Biomass Valorization, 2018, 10 (9): 2425~2444.

[233] Kaufman S M, Themelis N J. Using a direct method to characterize and measure flows of municipal solid waste in the United States [J]. J Air Waste Manag Assoc. 2009; 59 (12): 1386~1390.

[234] 柳建国，卞新民，李慧，等．农业有机固体废物资源化的研究 [J]．浙江农业科学，2008 (02)：175~177.

[235] 朱泓宇，赵海光．固体废弃物收集、处理及资源化利用技术探究 [J]．环境与发展，2019，31 (09)：74~76.

[236] 诸葛星辰．固体废弃物处理技术发展概述 [J]．西部皮革，2019，41 (12)：90.

[237] 李薇．我国城市固体废弃物处理现状及发展路径 [J]．资源节约与环保，2019 (05)：77.

[238] 黄国峰，吴启堂，孟庆强，等．有机固体废弃物在持续农业中的资源化利用 [J]．土壤与环境，2001 (03)：246~249.

[239] Magrini C D, Addato F, Bonoli A. Municipal solid waste prevention: A review of market-based instruments in six European Union countries [S]. Waste Manag Res. 2020: 734242X19894622.

[240] Statistics Norway (2001), Natural Resources and the Environment 2001, Norway: Statistical Analyses. Published by Statistics Norway, Norway [R].

[241] 周富春．完全混合式有机固体废物厌氧消化过程研究 [D]．重庆：重庆大学，2006.

[242] 靳文尧．瘤胃微生物厌氧消化农业固体有机废物技术与应用研究 [D]．大连：大连理工大学，2018.

[243] ARIUNBAATAR J, PANICO A, ESPOSITO G, et al. Pretreatment methods to enhance anaerobic digestion of organic solid waste [J]. Applied Energy, 2014, 123: 143~156.

[244] CARRèRE H, DUMAS C, BATTIMELLI A, et al. Pretreatment methods to improve sludge anaerobic degradability: A review [J]. Journal of Hazardous Materials, 2010, 183 (1): 1~15.

[245] ESPOSITO G, FRUNZO L, PANICO A, et al. Modelling the effect of the OLR and OFMSW particle size on the performances of an anaerobic co-digestion reactor [J]. Process Biochemistry, 2011, 46 (2): 557~565.

[246] KIM I S, KIM D H, HYUN S H. Effect of particle size and sodium ion concentration on anaerobic thermophilic food waste digestion [J]. Water Science and Technology, 2000, 41 (3): 67~73.

[247] ZHU B, GIKAS P, ZHANG R, et al. Characteristics and biogas production potential of municipal solid wastes pretreated with a rotary drum reactor [J]. Bioresource Technology, 2009, 100 (3): 1122~1129.

[248] ENGELHART M, KRüGER M, KOPP J, et al. Effects of disintegration on anaerobic degradation of sewage excess sludge in downflow stationary fixed film digesters [J]. Water Science and Technology, 2000, 41 (3): 171~179.

[249] LóPEZ TORRES M, ESPINOSA LLORéNS M D C. Effect of alkaline pretreatment on

anaerobic digestion of solid wastes [J]. Waste Management, 2008, 28 (11): 2229~2234.
[250] NEVES L, RIBEIRO R, OLIVEIRA R, et al. Enhancement of methane production from barley waste [J]. Biomass and Bioenergy, 2006, 30 (6): 599~603.
[251] CESARO A, BELGIORNO V. Sonolysis and ozonation as pretreatment for anaerobic digestion of solid organic waste [J]. Ultrasonics Sonochemistry, 2013, 20 (3): 931~936.
[252] PROROT A, JULIEN L, CHRISTOPHE D, et al. Sludge disintegration during heat treatment at low temperature: A better understanding of involved mechanisms with a multiparametric approach [J]. Biochemical Engineering Journal, 2011, 54 (3): 178~184.
[253] RAFIQUE R, POULSEN T G, NIZAMI A S, et al. Effect of thermal, chemical and thermo-chemical pre-treatments to enhance methane production [J]. Energy, 2010, 35 (12): 4556~4561.
[254] FDEZ. GüELFO L A, ÁLVAREZ-GALLEGO C, SALES MáRQUEZ D, et al. The effect of different pretreatments on biomethanation kinetics of industrial Organic Fraction of Municipal Solid Wastes (OFMSW) [J]. Chemical Engineering Journal, 2011, 171 (2): 411~417.
[255] LIM J W, WANG J Y. Enhanced hydrolysis and methane yield by applying microaeration pre-treatment to the anaerobic co-digestion of brown water and food waste [J]. Waste Management, 2013, 33 (4): 813~819.
[256] ZHANG B, ZHANG L L, ZHANG S C, et al. The Influence of pH on Hydrolysis and Acidogenesis of Kitchen Wastes in Two-phase Anaerobic Digestion [J]. Environmental Technology, 2005, 26 (3): 329~340.
[257] WANG F, HIDAKA T, TSUNO H, et al. Co-digestion of polylactide and kitchen garbage in hyperthermophilic and thermophilic continuous anaerobic process [J]. Bioresource Technology, 2012, 112: 67~74.
[258] KVESITADZE G, SADUNISHVILI T, DUDAURI T, et al. Two-stage anaerobic process for bio-hydrogen and bio-methane combined production from biodegradable solid wastes [J]. Energy, 2012, 37 (1): 94~102.
[259] 肖波，李蓓，李冰冰，等. 有机固废厌氧消化技术研究进展 [J]. 科技创业月刊，2006, 19 (12): 107~109.
[260] 叶小梅，常志州. 有机固体废物干法厌氧发酵技术研究综述 [J]. 生态与农村环境学报，2008 (2): 76~79, 96.
[261] 金秋燕. 有机固体废物对污水污泥厌氧消化的影响研究 [D]. 青岛: 青岛理工大学，2016.
[262] 梅冰，陆翔，李显秋，等. 有机垃圾厌氧消化应用研究进展 [J]. 化学工程师，2016, 30 (05): 43~45.
[263] LAY J J, LI Y Y, NOIKE T. Influences of pH and moisture content on the methane production in high-solids sludge digestion [J]. Water Research, 1997, 31 (6): 1518~1524.
[264] 李连华，马隆龙，袁振宏，等. 农作物秸秆的厌氧消化试验研究 [J]. 农业环境科学学报，2007, (1): 335~338.
[265] GRESES S, GABY J C, AGUADO D, et al. Microbial community characterization during an-

aerobic digestion of Scenedesmus spp. under mesophilic and thermophilic conditions [J]. Algal Research, 2017, 27: 121~130.

[266] 李刚，杨立中，欧阳峰. 厌氧消化过程控制因素及 pH 和 Eh 的影响分析 [J]. 西南交通大学学报, 2001, 36 (5): 518~521.

[267] STROOT P G, MCMAHON K D, MACKIE R I, et al. Anaerobic codigestion of municipal solid waste and biosolids under various mixing conditions—I. digester performance [J]. Water Research, 2001, 35 (7): 1804~1816.

[268] 孙建平. 抗生素与重金属对猪场废水厌氧消化的抑制效应及其调控对策 [D]. 杭州: 浙江大学, 2009.

[269] 张波，徐剑波，蔡伟民. 有机废物厌氧消化过程中氨氮的抑制性影响 [J]. 中国沼气, 2003, 21 (3): 26~28.

[270] 李志东，李娜，魏莉，等. 污泥投配率对污泥中温厌氧消化效果影响的试验研究 [J]. 环境污染与防治, 2007 (07): 530~532.

[271] LONKAR S, FU Z, WALES M, et al. Creating Economic Incentives for Waste Disposal in Developing Countries Using the MixAlco Process [J]. Applied Biochemistry and Biotechnology, 2017, 181 (1): 294~308.

[272] 黄得扬，陆文静，王洪涛. 有机固体废物堆肥化处理的微生物学机理研究 [J]. 环境工程学报, 2004, 5 (1): 12~18.

[273] SHARMA V K, CANDITELLI M, FORTUNA F, et al. Processing of urban and agro-industrial residues by aerobic composting: Review [J]. Energy Conversion and Management, 1997, 38 (5): 453~478.

[274] 胡天觉. 城市有机固体废物仓式好氧堆肥工艺改进及理论研究 [D]. 长沙: 湖南大学, 2005.

[275] 周继豪，沈小东，张平，等. 基于好氧堆肥的有机固体废物资源化研究进展 [J]. 化学与生物工程, 2017, 34 (02): 13~18.

[276] 田键，黄志林，肖晓玉，等. 几种固体废物处理处置技术比较 [J]. 建材世界, 2017, 38 (03): 92~5, 122.

[277] 廖洪强. 首钢焦化有机固废处理技术研究 [C]. 中国金属学会. 2006 年全国炼铁生产技术会议暨炼铁年会文集. 中国金属学会: 中国金属学会, 2006: 201~203.

[278] 矫维红. 城市固体废弃物焚烧二次污染物排放特性的研究 [J]. 环境化学与生态毒理学国家重点实验室, 2005.

[279] 刘钢，黄明皎. 秸秆发电厂燃料收集半径与装机规模 [J]. 电力建设, 2011, 32 (03): 72~75.

[280] 王华. 城市生活垃圾气化熔融焚烧技术 [J]. 有色金属, 2003 (S1): 104~107.

[281] 胡建杭，王华，刘慧利，等. 城市生活垃圾气化熔融焚烧技术 [J]. 环境科学与技术, 2008, 11: 78~81.

[282] 沈海萍，SCHMIDT C，宓虹明，等. 热解技术在有机固废能源化清洁利用方面的应用潜力分析 [J]. 环境污染与防治, 2008 (07): 67~73.

[283] FONT R, MARCILLA A, GARCíA A N, et al. Comparison between the pyrolysis products ob-

tained from different organic wastes at high temperatures [J]. Journal of Analytical and Applied Pyrolysis, 1995, 32: 41~49.

[284] AGAR D A, KWAPINSKA M, LEAHY J J. Pyrolysis of wastewater sludge and composted organic fines from municipal solid waste: laboratory reactor characterisation and product distribution [J]. Environmental Science and Pollution Research, 2018, 25 (36): 35874~35882.

[285] HU Y, YANG F, CHEN F, et al. Pyrolysis of the mixture of MSWI fly ash and sewage sludge for co-disposal: Effect of ferrous/ferric sulfate additives [J]. Waste Management, 2018, 75: 340~351.

[286] 王立华，林琦．热解温度对畜禽粪便制备的生物质炭性质的影响 [J]. 浙江大学学报(理学版)，2014，41 (02)：185~190.

[287] 马跃．城市生活垃圾处理技术现状与管理对策 [J]. 民营科技，2016 (01)：231.

[288] 武志明，鲍琨，曹洁，等．我国城市生活垃圾处理技术现状分析及管理对策探讨 [J]. 节能与环保，2019，11：37~38.

[289] 张英民，尚晓博，李开明，等．城市生活垃圾处理技术现状与管理对策 [J]. 生态环境学报，2011，20 (02)：389~396.

[290] 魏云梅，赵由才．垃圾渗滤液处理技术研究进展 [J]. 有色冶金设计与研究，2007，(Z1)：86，176~181.

[291] 蒋建国，邓舟，杨国栋，等．生物反应器填埋场技术发展现状及研究前景 [J]. 环境污染与防治，2005 (02)：122~126.

[292] 李军，陈邦林，胡建斌．等离子体技术处理生化污泥能源化研究 [J]. 上海环境科学，2000 (08)：382~384.

[293] 孙世翼．放电等离子体强化处理污泥减量及重金属去除 [D]. 兰州：西北师范大学，2018.

[294] 李晓静，高璇，姜英武，等．中日水泥企业协同处置废弃物的比较研究 [J]. 环境工程，2015，33 (06)：98~101.

[295] 王涛．地下式高温好氧发酵系统——SACT 污泥/有机固废堆肥技术研究应用进展[C]. 中国城市科学研究会、中国城镇供水排水协会、重庆市住房和城乡建设委员会、重庆市城市管理局．2018 第十三届中国城镇水务发展国际研讨会与新技术设备博览会论文集．中国城市科学研究会、中国城镇供水排水协会、重庆市住房和城乡建设委员会、重庆市城市管理局：北京邦蒂会务有限公司，2018：137~140.

[296] 胡伟．有机固废好氧发酵过程中的 pH 变化与原材料性质对产物 pH 的影响 [D]. 扬州大学，2017.

[297] 王星．有机固废好氧发酵过程中氨氧化特性和变化规律研究 [D]. 南宁：广西大学，2014.

[298] Qi J G. 2004, Institute of econometrics and techno-economics of Chinese academy of social sciences. In: Proceedings of the fifth Chinese Economists? Forum and 2004 China's International Workshop on the Analysis and Forecast of the Social Economic Situation, Beijing, China.

[299] Dong Suocheng, Kurt W Tong, Wu Yuping. Municipal solid waste management in China: using commercial management to solve a growing problem [J]. Utilities Policy, 2001, 10

(1): 7~11.

[300] Sundqvist J O, Life cycle assessment and solid waste: stage 2: annual report [J]. AFR-Report (Sweden), 1997.

[301] Sundeqvist, Jan-Olof, 1999. Life cycles assessments and solid waste guidelines for solid waste treatment and disposal in LCA. Report, IVL, Swedish Environmental Research Institute, Stockholm, Sweden.

[302] Hu D, Wang R S, Yan J S, et al. A pilot ecological engineering project for municipal solid waste reduction, disinfection, regeneration and industrialization in Guanghan City [J]. China. Ecol. Eng., 1998, 11: 129~138.

[303] World Bank, 2005. Waste Management in China: Issues and Recommendations. Urban Development Working Papers 9. East Asia Infrastructure Department [R].

[304] China Statistical Yearbook, 2001~2007 [R].

[305] Raninger B. March 25, 2009. Management and Utilization of Municipal and Agri-cultural Bioorganic Waste in Europe and China. Workshop in School of Civil Environmental Engineering. Nanyang Technological University, Singapore [R].

[306] Yuan H, Wang L, Su F W, et al. Urban solid waste management in Chongqing: Challenges and opportunities [J]. Waste Management, 2006, 26 (9): 1052~1062.

[307] Zhenshan L, Lei Y, Xiaoyan Q, et al. Municipal solid waste management in Beijing City [J]. Waste Management 2009, 29 (9): 2596~2599.

[308] Zhu M H, Fan X M, Rovetta A, et al. Municipal solid waste management in Pudong New Area, China [J]. Waste Management, 2009, 29 (3): 1227~1233.

[309] Jiang J G, Lou Z Y, Ng S L, et al. The current municipal solid waste management situation in Tibet [J]. Waste Management, 2009, 29 (3): 1186~1191.

[310] Zhao W, van der Voet E, Zhang Y F, et al. Life cycle assessment of municipal solid waste management with regard to greenhouse gas emissions: Case study of Tianjin, China [J]. Science of the Total Environment, 2009, 407 (5): 1517~1526.

[311] Ko P S, Poon C S. 2009. Domestic waste management and recovery in Hong Kong [P]. Journal of Mater Cycles Waste Management , 104~109.

[312] Zhang D Q, Tan S K, Gersberg R M. Municipal solid waste management in China: status, problems and challenges [J]. J Environ Manage, 2010, 91 (8): 1623~1633.

[313] Minghua Z, Xiumin F, Rovetta A, et al. Municipal solid waste management in Pudong New Area, China [J]. Waste Manag, 2009, 29 (3): 1227~1233.

[314] Hui Y, Li'ao W, Fenwei S, Gang H. Urban solid waste management in Chongqing: challenges and opportunities [J] . Waste Manag, 2006, 26 (9): 1052~1062.

[315] SPEIR T W, VAN SCHAIK A P, PERCIVAL H J, et al. HEAVY METALS IN SOIL, PLANTS AND GROUNDWATER FOLLOWING HIGH-RATE SEWAGE SLUDGE APPLICATION TO LAND [J]. Water Air & Soil Pollution, 2003, 150 (1/4): 319~358.

[316] Nakasaki K, Yaguchi H, Sasaki Y, et al. Effects of pH Control On Composting of Garbage [J]. Waste Management & Research, 1993, 11 (2): 117~125.

［317］ Zorpas A A，Constantinides T，Vlyssides A G，et al. Heavy metal uptake by natural zeolite and metals partitioning in sewage sludge compost ［J］. Bioresource Technology，2000，72（2）：113～119.

［318］ 史春梅，王继红，李国学，等．不同化学添加剂对猪粪堆肥中氮素损失的控制［J］．农业环境科学学报，2011，30（05）：1001～1006.

［319］ 席北斗，刘鸿亮，孟伟，等．垃圾堆肥高效复合微生物菌剂的制备［J］．环境科学研究，2003（02）：58～60，64.

［320］ 袁月祥，刘晓风，廖银章，等．复合菌剂强化秸秆堆肥试验［J］．四川农业大学学报，2009，27（02）：180～183.

［321］ 贺升，戴欣，何曦．有机固废热解反应器研究进展［J］．再生资源与循环经济，2020，13（01）：39～44.

［322］ 毛俏婷，胡俊豪，赵雨佳，等．生物质和废塑料混合热解协同特性研究［J/OL］．燃料化学学报，2020（03）：1-7［2020-04-19］. http：//kns. cnki. net/kcms/detail/14. 1140. TQ. 20200417. 0919. 018. html.

［323］ 杨义，骆仲泱，李国翔，等．纤维素催化热解定向调控制取不含氧烃类液体燃料［J］．燃烧科学与技术，2020，26（02）：113～119.

［324］ 李琳，李广科．卫生填埋场垃圾渗沥液典型毒理学效应的研究进展［J］．环境卫生工程，2019，27（06）：16～19.

［325］ 王晓文，张玉彬，乔玉松，等．生活污泥干化与生活垃圾协同焚烧研究分析［J］．环境与发展，2020，32（02）：40～42.

［326］ 李永波．我国生活垃圾焚烧技术现状与趋势［J］．中小企业管理与科技（中旬刊），2020（01）：182～183.

［327］ Anshakov A S，Domarov P V，Perepechko L N，et al. Studying plasma gasification of solid municipal waste. 2019，1261（1）.

［328］ 熊建新．有机固体废弃物等离子体喷动——流化床热解初步研究［D］．广州：广州大学，2012.